FORSCHUNGSBERICHTE
DES WIRTSCHAFTS- UND VERKEHRSMINISTERIUMS
NORDRHEIN-WESTFALEN

Herausgegeben von Staatssekretär Prof. Leo Brandt

Nr. 303

Prof. Dr.-Ing. Siegfried Kiesskalt

Das Institut der Forschungsgemeinschaft Verfahrenstechnik e. V.
an der Technischen Hochschule Aachen

Als Manuskript gedruckt

SPRINGER FACHMEDIEN WIESBADEN GMBH

1956

ISBN 978-3-663-03371-4 ISBN 978-3-663-04560-1 (eBook)
DOI 10.1007/978-3-663-04560-1

Forschungsberichte des Wirtschafts- und Verkehrsministeriums Nordrhein-Westfalen

G l i e d e r u n g

Geleitwort	S.	5
Vorwort	S.	7
I. Chemical Engineering	S.	8
II. Die erste Entwicklung der Verfahrenstechnik in Deutschland	S.	10
III. Vorstufen der Verfahrenstechnik in der Industrie	S.	11
IV. Die Verfahrenstechnik in Deutschland	S.	12
V. Die Forschungsgesellschaft Verfahrenstechnik e.V. (GVT)	S.	16
VI. Das Forschungsinstitut Aachen der GVT; Aufgabenbereich und Organisation	S.	17
VII. Gebäude und Ausrüstung des Forschungsinstituts Aachen	S.	22
VIII. Die Forschungsgeräte des Institutes	S.	27
IX. Größere Maschinen und Versuchsstände der Halle	S.	35
X. Bericht über Arbeiten des Forschungsinstituts Verfahrenstechnik 1953/55	S.	36
Anlage 1: Wissenschaftliche Veröffentlichungen aus dem Institut 1952/55.	S.	62

Forschungsberichte des Wirtschafts- und Verkehrsministeriums Nordrhein-Westfalen

Geleitwort

Die Regierung des Landes Nordrhein-Westfalen sieht in der Förderung der wirtschaftlich wichtigen Forschung eine Maßnahme größter Bedeutung. Seit mehreren Jahren werden in steigendem Umfange Mittel zur Verfügung gestellt, die der Gewinnung neuer Erkenntnisse auf allen Fachgebieten dienen. Der gewerblichen Wirtschaft des Landes soll über die Forschung die Möglichkeit geboten werden, wieder den Stand gegenüber anderen Ländern und Völkern zu erreichen, den sie früher besaß, und gleichzeitig mit der schnellen Entwicklung des internationalen Geschehens Schritt halten zu können. Von ausschlaggebendem Interesse ist hierbei die Förderung von Schwerpunktsaufgaben auf zurückgebliebenen Gebieten und der Aufbau neuer Forschungseinrichtungen für solche Wissenszweige, deren Erkenntnisse unabdingbare Voraussetzung für die Zukunft jeder modernen Wirtschaft sind.

Aus diesem Grunde wurde auch die Gründung der Forschungsgesellschaft für Verfahrenstechnik und der Aufbau ihres Institutes an der Technischen Hochschule in Aachen sehr begrüßt. Dieses Institut will sich sowohl der Grundlagenforschungen als auch allgemeiner Untersuchungen für die praktische Anwendung annehmen, die bisher nur selten und als begrenzte Sonderfragen an einzelnen Stellen durchgeführt worden sind. Das Institut soll eine seit langem empfundene Lücke innerhalb aller Forschungseinrichtungen ausfüllen; es soll seine Probleme aus der Ganzheit unter Verbindung von Vertretern mehrerer Fakultäten lösen, um den Unternehmungen der verschiedensten Industriezweige zu besseren und oft gänzlich neuen Methoden für die Darstellung, Aufbereitung und Verarbeitung ihrer Stoffe zu verhelfen.

Ich wünsche dem Institut bei der Durchführung seiner Arbeiten einen vollen Erfolg.

Professor Leo BRANDT
Staatssekretär im Ministerium
für Wirtschaft und Verkehr
des Landes Nordrhein-Westfalen

Forschungsberichte des Wirtschafts- und Verkehrsministeriums Nordrhein-Westfalen

Vorwort

Die Durchführung der Beschlüsse zum Bau und Einrichtung des ersten Institutes der Forschungs-Gesellschaft Verfahrens-Technik e.V. Köln an der Rheinisch-Westfälischen Technischen Hochschule in Aachen[1] wurde ausschlaggebend durch den Einsatz von Herrn Staatssekretär Prof. Dipl.-Ing. L. BRANDT ermöglicht. Es gelang ihm, das Land Nordrhein-Westfalen zu dem grossen Beitrag von DM 400.000.- zu veranlassen, von dem die Hälfte seine eigene Dienststelle, das Ministerium für Wirtschaft und Verkehr, und die andere Hälfte das Kultus-Ministerium dieses Landes zur Verfügung stellte. Er stellte auch die Verbindung zum Bundesministerium für Wirtschaft her, das sich dann ebenfalls mit DM 100.000.- an der Aufgabe beteiligte.

In der Folge hat das Ministerium für Wirtschaft und Verkehr des Landes Nordrhein-Westfalen aus laufenden Forschungsmitteln den größten Teil der Forschungsarbeiten ermöglicht. Auch das Bundesministerium für Wirtschaft hat im Rahmen seiner vielfältig aufgespaltenen Aufgaben immer wieder mit Forschungsbeihilfen eingegriffen.

Die Forschungs-Gesellschaft Verfahrens-Technik, vertreten durch ihr Kuratorium, will mit dem vorliegenden Bericht über die Einrichtung des Instituts und über die dort 1953/55 durchgeführten Forschungsarbeiten auch den Dank an die Mitgliedsfirmen aus der Industrie und die Verbände zum Ausdruck bringen, die sich ebenfalls in verständnisvoller Weise zu der Errichtung und der laufenden Unterstützung bekannt haben.

Das Kuratorium hofft, daß der dem sachlichen Bericht vorangestellte Überblick über die Stellung und die Aufgaben der Verfahrenstechnik unsere Gedanken verbreiten hilft.

Professor K. RIESS
Vorsitzender der Forschungs-Gesellschaft
Verfahrens-Technik e.V.

---

1. Siehe auch Sonderheft "18 neue Forschungsstellen im Lande Nordrhein-Westfalen" S. 21 - 34 der Schriftenreihe der "Arbeitsgemeinschaft für Forschung des Landes Nordrhein-Westfalen" Westdeutscher Verlag Köln und Opladen, Juli 1954.

Die Verfahrenstechnik ging aus dem älteren amerikanischen Chemical Engineering hervor und wurde zu einem typischen Inhalt und Begriff umgeprägt und dabei den deutschen Bedingungen fachwissenschaftlicher Arbeit angepaßt. Sie zählt hier zu den Ingenieurwissenschaften.

I. Chemical Engineering

Um die Jahrhundertwende erkannte man in den USA, daß der bisherige Raubbau an den Schätzen des Bodens und der Natur, wie z.B. Erdöl, Kupfer, Lebensmittel, nicht mehr zu vertreten war. Man entschloß sich, die technologischen Verarbeitungen ganz systematisch wissenschaftlich zu durchdringen und die Verarbeitungsmaschinen und Fabrikeinrichtungen auf einen Stand zu bringen, der der Qualifikation der amerikanischen Maschinen- und Elektroindustrie entsprechen sollte. Zunächst wurde das Chemical Engineering an zwei Hochschulen als Fachrichtung aufgebaut. Die jungen Chemieingenieure sollten Träger einer chemischen und zugleich einer maschinentechnischen Ausbildung werden. Ein Schlagwort sprach von einem halben Chemiker und einem halben Ingenieur in einer Person. Das Studium selbst mußte alsbald verlängert werden. Bei dem Stand der damaligen Technik war der Erfolg überzeugend, so sehr, daß in einer ständigen Fortentwicklung heute etwa 25 Technische Hochschulen und Universitäten das Chemieingenieurwesen als Sonderausbildung betreiben.

Der Aufbau einer so zusammengesetzten Studienfachrichtung widerspricht insbesondere den deutschen Auffassungen, weil der Vorwurf der Halbheit nahe liegt. Die Konzeption erklärt sich aber aus den amerikanischen Gegebenheiten zu jener Zeit. Während auf dem Kontinent, insbesondere in Deutschland, die Chemie um 1900 schon eine überragende, ja repräsentative Rolle inne hatte und eine ausgereifte Wissenschaft mit eigenen Methoden von der anorganischen über die organische bis zur physikalischen Chemie geworden war, so daß man von ihr als der "Königin der Wissenschaften" sprach, war in den USA die Chemie noch lange nicht so souverän. Sie nahm ihren vollen Aufschwung erst in der Zeit des ersten Weltkrieges mit der Abtrennung von dem Kontinent und in den folgenden Jahren starker eigener Entwicklung. Richtig erkannt wurde, daß der Schwerpunkt der Tätigkeit der neuartigen Chemieingenieure wesentlich in den Verbrauchsgüterindustrien liegen mußte, die vor allem chemische Stoffumwandlungen ausführen (Gegensatz: die formändernden Industrien der Produktionsmittelindustrien!). Der damals geschaffene Rahmen des Chemical Engineering mit dem Einsatz in den Verbrauchsgüterindustrien blieb im Laufe der Jahrzehnte nicht unverändert. Es gab in Amerika immer Chemieingenieure in der Industrie und an Hochschulen, erwähnt seien W.L. BADGER, O.A. HOUGON u.a., die eine klare fachliche Trennung und Orientierung an einer Disziplin verlangten. Dem Sinne nach sollte einerseits die chemische Technologie von den Chemikern stärker berücksichtigt werden und andererseits das Chemieingenieurwesen eine Fachrichtung des Ingenieurwesens werden, die insbesondere produktive Kenntnisse der Chemie nicht verlange. Der Gesichtspunkt setzt sich heute in Amerika immer stärker durch, eben weil die chemische Wissenschaft selbst eine vollwertige Partnerin der hochstehenden chemischen Wissenschaften in der Welt geworden ist. Das Chemical Engineering als Ausbildungszweig der Hochschule stützt sich entsprechend mehr und mehr auf eine Grundausbildung in Thermodynamik und Strömungslehre und führt weiter zur Kenntnis der Vorgänge in den Maschinen und Apparaten, die sich vorzugsweise in der Verarbeitung der Verbrauchsgüter finden. Dazu gehören hier wie dort die Industrien der eigentlichen Chemie, der Steine und Erden, der Sprengstoffe, der Kunststoffe und der plastischen Materialien, der Petrolchemie usw. Man rechnet in den Staaten heute mit etwa 50.000 Chemieingenieuren, allerdings verschiedenwertiger Ausbildung. Wesentlich ist, daß alle Zweige des Chemieingenieurwesens große Forschungsinstitute haben, wie am berühmten Massachusetts Institute of Technology ganze Gebäudefluchten verschiedenste Sonderrichtungen wie etwa Keramik, Papier, Lebensmitteltechnik usw. umfassen. Nach dem Vorlesungsverzeichnis 1955/56 des MIT gehören der Fakultät des Chemieingenieurwesens einschließlich der Atomtechnik allein 11 Ordinarien und etwa 13 Nichtordinarien sowie 31 Assistenten an, um den deutschen Sprachgebrauch auf die verschiedenen akademischen Rangstufen kurz, aber nicht genau deckend anzuwenden. Interessant ist noch, daß zu dieser Fakultät vier Industrieunternehmungen im losen Verhältnis stehen, die ihre Versuchsanlagen (pilot plants) für die Ausbildung der jungen Chemieingenieure zur Verfügung stellen; ein Dozent mit einer kleinen Gruppe von Fortgeschrittenen löst dort während einem halben oder ganzen Semester spezielle Aufgaben von Grund auf und erarbeitet die Querverbindungen mit verwandten Gebieten seminaristisch und experimentell (team!). Abschließend sei vermerkt, daß das OEEC 1954 zu einem europäischen Kongress über Fragen des Chemieingenieurwesens nach London einlud, weil von einer verstärkten Förderung des Gebietes in Europa noch besondere

Fortschritte zu erwarten seien. Unzweifelhaft war während des 2. Weltkrieges die rasche Entwicklung der Atomtechnik, der Magnesiumgewinnung aus Meerwasser u.a. in USA nur möglich, weil ein sehr großer Stamm erfahrener Chemieingenieure bereit stand. Heute ist das "Nuclear Engineering" der jüngste Zweig des Chemical Engineering.

II. Die erste Entwicklung der Verfahrenstechnik in Deutschland

Der Kontinent und auch Deutschland folgten dieser Entwicklung zunächst nicht. Man schuf vor 1914 in Dresden eine Fachrichtung für Ingenieurchemiker, die aber keine breite Entwicklung genommen hat. Einige Sonderfachgebiete aus dem Rahmen der Verbrauchsgüterindustrien wurden andernorts gepflegt, so etwa die Lehrrichtung für Gasingenieure mit einem angesehenen Institut in Karlsruhe durch C. BUNTE und die Papieringenieur-Abteilungen in Darmstadt und Dresden. Eine systematische und übergreifende Entwicklung war aber noch nicht zu erkennen. Erst nach dem ersten Weltkrieg, Mitte der 20er Jahre, hat insbesondere R. PLANK in Karlsruhe mit Nachdruck auf die Notwendigkeit hingewiesen, mit dem Wachsen der Ingenieuraufgaben vor allem in der chemischen Industrie auch seitens der Technischen Hochschulen entsprechende Grundlagen zu schaffen. Seine Vorstellungen kamen insbesondere aus der Anwendung der Kältetechnik eben in den Verbrauchsgüterindustrien wie auch der Nahrungsmittelindustrie und hatten unmittelbar die Entwicklungen der Badischen Anilin- und Soda-Fabriken in Ludwigshafen vor Augen. Es stand von Anfang an fest, daß eine deutsche Ausbildung für das Chemieingenieurwesen sich nicht auf eine zu breite chemische Ausbildung abstützen dürfe, wenn nicht das Studium unerträglich verlängert werden sollte. Außerdem wurde nicht übersehen, daß die speziellen schöpferischen Veranlagungen auf dem Gebiet des Ingenieurwesens sich sehr grundsätzlich von denen im Bereich der Chemie unterscheiden; auch die Arbeits- und Denkweisen sind durchaus verschieden. Die Karlsruher Bestrebungen führten dann sehr bald zu der Einrichtung eines Instituts für Chemieingenieurwesen und Apparatebau (Leiter: Prof. Dr. Ing. E. KIRSCHBAUM), das mit Unterstützung der Fachgemeinschaft Apparatebau im VDMA und der Dechema im Rahmen des Ingenieurwesens bald einen kräftigen Aufschwung nahm. Es sei noch erwähnt, daß auch Danzig etwa 1933 eine Fachrichtung und ein Ordinariat Verfahrenstechnik schuf und ein ansehnliches Institut mit Hilfe der chemischen Industrie, insbesondere der damaligen IG-Farbenindustrie AG. errichtete; es kam nicht mehr zur vollen Entfaltung.

III. Vorstufen der Verfahrenstechnik in der Industrie

Das Verständnis dieser Entwicklung verlangt einen Blick auf die Vorgeschichte des Chemieingenieurs im Sprachgebrauch der zwanziger Jahre in der deutschen chemischen Industrie. Anders als in den Vereinigten Staaten von Amerika kam der Zwang zu einer selbständigen Entwicklung des Ingenieurwesens von den hochgespannten Forderungen, die zunächst die chemische Technik stellte. Es waren das die Ammoniakdarstellung, die Methanolsynthese und später die Benzinhydrierungen. Alle arbeiteten mit hohem Druck und sehr großen Gasmengen in ungewöhnlichen Gefahrenbereichen bei Hintereinanderschaltung sehr vieler Einheiten und Rückführung von Teilströmen in Kreisläufen. Mit genialem Blick erkannte C. BOSCH bald, daß das herkömmliche Meßwesen und auch die üblichen Kompressoren und Pumpen diesen Aufgaben des großtechnischen Umsatzes ebenso wenig gewachsen waren, wie der damalige Stand der Werkstoffkunde. Es galt zunächst, alle Betriebsdaten laufend aufzuzeichnen und den Chemismus bis zur Schaffung von Kalkulationsunterlagen zu überwachen, die Kraft- und Mengenströme im Betrieb zu erfassen und dafür sowohl geeignete Meßinstrumente sowie Regelanlagen zu entwickeln. Daneben wurden z.B. ganz neuartige Hochdrucksyntheseöfen konstruktiv und werkstofftechnisch, im wesentlichen auch durch das Eingreifen von C. BOSCH geschaffen und betriebsreif gemacht. Die Ingenieure und technischen Physiker, die in den neuartigen Abteilungen arbeiteten, waren dann später in den Betrieben selbst gesuchte Mitarbeiter; sie brachten durch ihre praxisnahe Ausbildung Überlegungen und Betrachtungsweisen mit, die für die Ausreifung der neuen Verfahren unentbehrlich waren. Man konnte aber nicht übersehen, daß diese über Jahre gehende praxisnahe Schulung von Diplomingenieuren mit schon abgeschlossenem Studium beträchtliches Lehrgeld erforderte und nicht die optimale wissenschaftliche Ausbildung bieten konnte. Natürlich standen diese Ingenieure mit ihrem Wissen vom traditionellen Maschinenbau auf den Schultern einer älteren Generation. Insgesamt aber mußte man sich sagen, daß sowohl die konstruktive, apparatebauliche Ausbildung wie auch die Methodik der Versuchsgruppen und die kritische Untersuchung von Betriebsapparaten am besten als eigenständigen Wissenschaft zu entwickeln waren. Dieses reifende Berufsbild traf zeitlich mit den Bestrebungen an manchen Hochschulen zusammen. Die Basis war noch schmal, insbesondere weil die große Krisis der dreißiger Jahre den Staat und auch die Industrie stark hemmten und weil zunächst keine

Forschungsberichte des Wirtschafts- und Verkehrsministeriums Nordrhein-Westfalen

Einigkeit darüber bestand, wie diese Neuentwicklung in Lehre und Forschung vorangetrieben werden sollte.

IV. Die Verfahrenstechnik in Deutschland

An der breiten Entwicklung der Verfahrenstechnik durch rege wissenschaftliche Gemeinschaftsarbeit im VDI, mit der Herausgabe der Beihefte zu seiner Zeitschrift bis 1945 als hervorragendes Fachblatt, an der Förderung ihrer Anliegen in Lehre und Forschung, schließlich an der Einführung der neuen Betrachtungsweisen in die einschlägigen Industriezweige hatte der VDI-Fachausschuß Verfahrenstechnik seit 1934 ein hohes Verdienst. Man erkannte im Grundsätzlichen sofort, daß der neue Wissenszweig sich nicht nur an die chemische Industrie wenden durfte. Immer mußten die Verbrauchsgüterindustrien in ihrer Gesamtheit von allen wesentlichen Bestrebungen den gleichen Nutzen haben.

Wirtschaftlich waren diese Forderungen leicht zu begründen. Eine Analyse der Nettoproduktionskosten in Deutschland ergab, daß rund 70 % des Volkseinkommens unmittelbar in die Verbrauchsgüterindustrien flossen. Jeder hier erzielte technische Fortschritt wirkt sich also auf den Lebensstandard des Volkes fühlbar aus.

Der Apparatebau ist der wichtigste Vorlieferant aller Betriebe der Verbrauchsgüterindustrie; seine Produktionsstatistik liefert daher wichtige Zahlen. 1955 betrugen die Erzeugungswerte allein der deutschen chemischen Industrie 13,5 Mrd. DM, die des Maschinenbaues insgesamt 13 Mrd. DM. Davon entfielen auf den Apparatebau im weiteren Sinn (chem. Apparatebau, Industrieöfen, Maschinen für die Verarbeitung von Kautschuk und Kunststoffen, Nahrungsmittelmaschinen u.a.) rd. 2,2 Mrd. DM, davon 40 % Export. (Die herangezogenen Abgrenzungen der VDMA-Statistik lassen den Ausstoß eher zu niedrig erscheinen!) Die Proportionen der Werte waren in den Begründungen der VDI-Denkschriften vor über 20 Jahren etwa die gleichen. Der dann rasch wachsende Fachausschuß Verfahrenstechnik (Gründungsvorsitz A. Eucken †) im Verein Deutscher Ingenieure bildete alsbald Arbeitsausschüsse, die jeweils einen kleinen Kreis von Fachleuten ganz verschiedenen Herkommens aus Industrie und Hochschulen, namentlich Ingenieure, Physiker und Physiko-Chemiker vereinigten. Erste Problemstellungen wurden geklärt und in den regelmäßigen Ausschußsitzungen auch Erfahrungsaustausch zwischen weit zerstreuten Arbeitsgebieten betrieben. Die Verflechtungen wurden schnell sehr eng, ein Gebiet befruchtete das andere. Heute hat die nach dem Krieg auf verbreiteter Grundlage errichtete VDI-Fachgruppe Verfahrenstechnik (Vorsitz: Prof. Dr. Ing. e. h. K. RIESS) 14 Fachgruppen, deren Aufbau die Schwerpunkte der Forschung und ihrer industriellen Bedeutung erkennen läßt:

Destillation, Rektifikation und Extraktion

Hochdruckverfahrenstechnik

Hochtemperaturtechnik

Konstruktionselemente des Apparatebaues

Kristallisation

Mechanische Flüssigkeitsabtrennung

Mischvorgänge

Rheologie

Probenahme

Technische Reaktionsführung

Trocknungstechnik

Vakuumtechnik

Wärmeaustauscher und Verdampfer

Zerkleinerungstechnik

Ihre Fragestellungen können hier nur an wenigen Beispielen und Tatsachen erläutert werden. Man kann von der Beobachtung ausgehen, daß die Verfahren selbst und ebenso die Apparate und Geräte zu ihrer Durchführung im Gegensatz zu den Erzeugnissen der meisten Gebiete des traditionellen Maschinenbaues einen recht raschen Wechsel der Typen und der Formen zeigen und zwar auch im Grundsätzlichen. Versucht man, tiefer schürfend mit den reifen wissenschaftlichen Methoden des Maschineningenieurs oder technischen Physikers Wirkungsgrade zu bestimmen oder Verlustquellen aufzugliedern, wie wir das z.B. von der Turbine und vom Fahrzeug her kennen, so stößt man sofort auf zwei Besonderheiten. Alle Vorgänge sind stärker oder erkennbarer physikalisch orientiert als auf den traditionellen Gebieten. Die Definitionen von Wirkungsgraden aber stoßen bei diesen Arbeitsmaschinen auf sehr viel größere Schwierigkeiten als bei den Kraftmaschinen. Es sei nur erwähnt, daß der zerkleinerungsphysikalische Wirkungsgrad von Mühlen, der die Aufhebung der Kohäsion beinhaltet, in einem Bereich von etwa 0,01 bis 0,1 % der zugeführten mechanischen Energie liegt. Zweifellos kann dieser Wirkungsgrad nicht so beurteilt werden, wie etwa der auf den

Carnot'schen Kreisprozess bezogene Wirkungsgrad der Wärmekraftmaschinen. Er besagt aber doch, daß die großen anderen Verlustquellen in diesen Maschinen nicht klar erkannt und erfaßt worden sind und daß es in erster Linie darauf ankommt, eben diese Verlustquellen herauszuschälen, zu erforschen, möglichst modellähnlich darzustellen und dann die Schlußfolgerungen für den Apparat oder seine Betriebsweise zu ziehen. Allerdings gestalten sich solche Überlegungen meist erheblich schwieriger als in der Thermodynamik und der Strömungslehre, deren Lehr- und Forschungsgebäude für die Verfahrenstechnik vorbildlich bleiben. Es sei nur darauf hingewiesen, daß die Luftströmungen etwa auf den Gebieten der Luftfahrttechnik und der Ventilatoren weitgehend erforscht sind und auch im einzelnen aufgegliedert wurden. Die Grenzschichttheorie ist experimentell und wissenschaftlich gut bekannt. Für die Verfahrenstechnik ist es aber kennzeichnend, daß sehr häufig zu dem geschlossenen Medium des Luftstrahls oder Flüssigkeitstromes das feinverteilte feste System kommt, nämlich Staub oder größere Partikel, die gefördert, gemahlen oder umgesetzt werden müssen. Diese sogenannten Schleppströmungen machen erhebliche Schwierigkeiten und müssen auch bezüglich des Druckverlustes, bezüglich der Stoff- und Wärmetransporte und Vermischungserscheinungen noch im einzelnen aufgeklärt werden. Wenn das geschehen ist, sind die Fragen des Verschleißes und der sinngemäßen Formgebung der Apparate offene Gebiete. Die Wirbelschicht, in Deutschland von WINKLER im Generator zum erstenmal halb unbewußt angewendet, wurde in Amerika zum großtechnischen Verfahren ausgebildet. In ihm laufen alle diese Erscheinungen zusammen. Die interessante Luftstrahlmahlung, d.h. die Feinmahlung in sehr schnellen Luftströmen, steht ganz am Anfang ihrer Aufklärung und führte beim ersten Versuch der Bearbeitung sofort über das hinaus, was etwa die pneumatische Förderung an Wissen erarbeitet hat. Auf dem Gebiet der thermischen Verfahren liegen die Probleme nicht einfacher. Die Destillation und Rektifikation behandeln mit thermodynamischen Überlegungen und apparativen Mitteln die Trennung von Zwei- oder Mehrstoffgemischen; dem schon gesicherten Wissen erwachsen mit dem immer schwierigeren Anforderungen durch ausgezeichnete Punkte der Gleichgewichtskurven zwischen Dampf und Flüssigkeit, neuen Verfahren wie der extraktiven Destillation ungelöste Probleme. Die Trocknung beinhaltet wesentlich die Kopplung von intensivem Stoff- und Wärmeaustausch in ein und demselben Vorgang. Die Gesamtheit dieser Gebiete aber ist das Feld der Grundverfahren (Unit Operations),

Tabelle 1

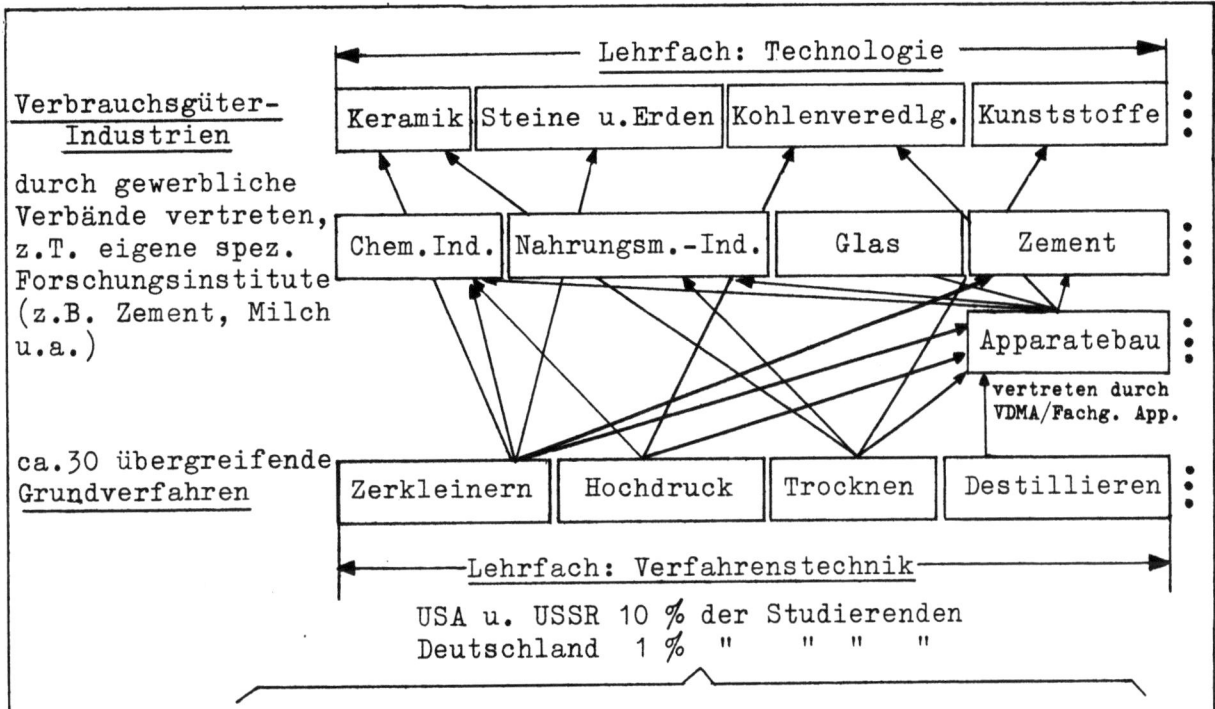

Verbrauchsgüter-Industrien durch gewerbliche Verbände vertreten, z.T. eigene spez. Forschungsinstitute (z.B. Zement, Milch u.a.)

ca. 30 übergreifende Grundverfahren

USA u. USSR 10 % der Studierenden
Deutschland 1 % "   "   "   "

mit bestehender Fachrichtung in den Maschinenbaufakultäten der Techn. Hochschulen Aachen, Braunschweig, Charlottenburg, Hannover, Karlsruhe, München.

Wissenschaftlicher Austausch u. Problemberatung:

VDI-Fachgruppe Verfahrenstechnik mit 14 Arbeitsausschüssen (vereinigt ehrenamtlich führende Fachleute aus Industrie und Hochschulen; eigene Finanzierung von Forschungsaufgaben zur Zeit unmöglich)

Forschungsstätten:

a) ausgebaut und rasch erweiterungsfähig:
1) Apparatebaulaboratorium der T. H. Karlsruhe (staatlich etatisiert)
2) Forschungsinstitut Verfahrenstechnik an der T. H. Aachen (Etatisiert durch Industrie, Bund- und Länderministerien über die Trägerin des Institutes: Forschungs-Gesellschaft Verfahrens-Technik e.V., Köln)
3) Institut für Trocknungstechnik der T. H. Darmstadt (staatlich etatisiert)

b) im Aus- oder Wiederaufbau: T. U. Charlottenburg, T. H. München

die im weitesten Sinn wesentlich physikalisch begründet sind und ingenieurtechnisch gehandhabt werden müssen.

Mit diesem streifenden Überblick soll zum Ausdruck gebracht werden, wie sehr in Forschung und Lehre Theorie und experimentelle Arbeit verbunden sein müssen, aber auch wie unentbehrlich modern eingerichtete Forschungsinstitute auf diesem Gebiet sind. Es ist völlig undenkbar, eine Fachrichtung Verfahrenstechnik ohne wissenschaftliche experimentelle Arbeit schon während der Ausbildung durchzuführen, ganz abgesehen davon, daß die praktische Entwicklung auf dem Gebiet der Verfahrenstechnik sich ganz anders darstellt als im traditionellen Maschinenbau.

Die Verflechtungen sowie die Institutionen der deutschen Verfahrenstechnik erläutert das Schema Tabelle 1.

V. Die Forschungsgesellschaft Verfahrenstechnik

Der Ausbau der Fachrichtung in der Fachgruppe Verfahrenstechnik des VDI ließ erkennen, daß die Fachgruppe als solche eigene Forschungsmöglichkeiten nicht hat. Da dem VDI wie den meisten der anderen wissenschaftlichen Gesellschaften nach dem zweiten Weltkrieg reichere Mittel fehlten, konnte er nicht einmal die Forschungsarbeiten seiner ehrenamtlichen Mitarbeiter nennenswert unterstützen. So griff K. RIESS 1952 über den bisherigen Rahmen der Fachgruppe Verfahrenstechnik hinaus und sprach nicht nur die Träger der Wissenschaft, sondern die gesamten Verbrauchsgüterindustrien an. Er rief auf, die angewandte Forschung zunächst in eigene Hände zu nehmen und dafür großzügig eine Forschungsgesellschaft zu errichten, eine Organisationsform für wissenschaftliche Gemeinschaftsarbeit, die bisher nur für einzelne Aufgaben und in recht unterschiedlicher Konstruktion gewählt worden war. So entstand die Forschungsgesellschaft Verfahrenstechnik (GVT) und zwar in der Form eines eingetragenen Vereins in Köln, dem alsbald die Gemeinnützigkeit zuerkannt wurde. Das Interesse war außerordentlich. Die Hauptaufgabe der GVT, eigene Forschungsinstitute zu errichten, konnte in Aachen bereits 1952 mit der Grundsteinlegung eines Instituts an der Technischen Hochschule (Leiter: Prof. Dr. Ing. S. KIESSKALT) in Angriff genommen werden, das schon 1953 eingeweiht wurde.

Die Gesellschaft hatte 1955 einen Bestand von 126 Mitgliedern (Tochterfirmen nicht mitgezählt), die sich wie folgt zusammensetzen:

	Mitgl.-Zahl	Beitragssumme
Maschinen- und Apparatebau	68 %	50 %
Chemische Industrie	23 %	34 %
Elektroindustrie	7 %	7 %
Sonstige (Verbände, Ministerien)	2 %	9 %

Der Haushaltplan für 1955 schließt voraussichtlich in Einnahmen und Ausgaben mit DM 307.000,-- ab; auf der Einnahmenseite stehen als größte Positionen

    Mitgl.-Beiträge und Spenden ..... DM 226.000,--
    Forschungs-Beihilfen Wi.Min.NRW ..... DM 71.000,--

DM 256.000,-- der Ausgaben entfallen auf das Institut Aachen. Zum 31.12. 1954 stand das Institutsgebäude mit DM 561.373,-- in der Vermögensaufstellung, Maschinen und maschinelle Anlagen mit DM 125.839,-- die Betriebsausstattung mit DM 167.834,--. Die Aufgliederung des Gesamtvermögens ergibt sich aus Tabelle 2. Das NRW-Ministerium für Wirtschaft und Verkehr stellte für Bau und Erstausstattung 1952/53 allein DM 200.000,-- zur Verfügung, das Bundeswirtschaftsministerium DM 100.000,--.

VI. Das Forschungsinstitut Aachen der GVT, Aufgabenbereich und Organisation

Die Forschungsziele des Instituts liegen im Bereich der angewandten Forschung auf allen Gebieten der Verfahrenstechnik. Die Mitglieder der GVT haben Anspruch auf Beratung. Daneben wird, z.Zt. noch im geringeren Maßstab, auf fremde Rechnung Vertragsforschung durchgeführt.

Personell standen für diese Aufgaben 1955 zur Verfügung:

Direktor: Prof. Dr. Ing. S. KIESSKALT
Wissenschaftliche Mitarbeiter:

Priv. Doz. Dr. rer. nat. W. BRÖTZ für Techn. Reaktionsführung (bis 31.7. 1955)

Dr. Ing. W. LEIDENFROST für Wärmephysik und Meßwesen.

6 wissenschaftliche Assistenten:

Tabelle 2

Vermögensübersicht der Forschungsgesellschaft Verfahrenstechnik e.V., Köln
zum 31. Dezember 1954

(nach Eigentumsverhältnissen gegliedert)

AKTIVA	Treuhandvermögen Land DM	Treuhandvermögen Bund DM	Eigentum der Gesellschaft DM	insgesamt DM
I. Anlagevermögen				
Institutsgebäude	561.373,--	-,--	-,--	561.373,--
Maschinen und maschinelle Anlagen	102.063,--	23.316,--	460,--	125.839,--
Werkzeuge, Betriebs- und Geschäftsausstattung	60.508,--	62.447,--	44.879,05	167.834,05
Nutzungsrecht am Institutsgebäude	-,--	-,--	357.762,--	357.762,--
	723.944,--	85.763,--	403.101,05	1.212.808,05
II. Umlaufvermögen				
Roh-, Hilfs- und Betriebsstoffe				1.081,50
Forderungen				
auf Grund geleisteter Anzahlungen			2.049,20	
an Mitglieder			7.900,--	
an den Bund			7.040,65	
an sonstige Schuldner			7.449,91	24.439,76
Kassenbestand				4,11
Bankguthaben				74.146,80
				1.312.480,22

PASSIVA	DM	DM
I. Vermögen		
Stand 1.1.1954		406.030,20
Zugang 1954		25.829,33
		431.859,53
II. Treuhandverpflichtungen		
gegenüber dem Land	723.944,--	
gegenüber dem Bund	85.763,--	809.707,--
III. Verbindlichkeiten		
auf Grund von Warenlieferungen und Leistungen	56.112,31	
gegenüber dem Land	8.349,14	
gegenüber Mitgliedern	2.000,--	
gegenüber sonstigen Gläubigern	4.452,24	70.913,69
		1.312.480,22

Tabelle 2a   Oktober 1955

Forschungsaufgaben, für die vom Wirtschaftsministerium NRW oder vom Bundeswirtschaftsministerium Mittel genehmigt bzw. beantragt wurden

A) Es wurde folgender Auftrag erledigt:

Untersuchungen von Bewegungsvorgängen in rasch schwingenden Haufwerken

B) Es wurden Zuschüsse für folgende Themen bewilligt:

1.) Untersuchungen über die Vorgänge im Walzspalt von Mischwalzwerken
2.) Messungen des Wärmeübergangs von reagierenden Flugstaubwolken auf Rohrwände
3.) Verhalten strukturviskoser Massen zwischen Walze und Platte unter Ausmessung der Schubspannungen und der rheologischen Eigenschaften
4.) Untersuchungen von Reaktionen in Flugstaubwolken
5.) Untersuchungen über den Wärmeübergang an rotierenden Scheiben und Propellern
6.) Forschungsarbeiten zur Ermittlung wichtiger Stoffgrößen als Berechnungsunterlage für die Lösung von verfahrenstechnischen Wärmeübergangsproblemen
7.) Untersuchungen der Stoff- und Wärmeübergangsverhältnisse in Dünnschichtverdampfern
8.) Untersuchung über den Wärmeübergang bei der Kondensation von Dämpfen
9.) Untersuchungen der Eindampfmöglichkeit von frei fallenden, insbesondere abgesprühten Flüssigkeiten
10.) Untersuchungen über Stoff- und Wärmeübergangsvorgänge in dünnen Flüssigkeitsfilmen in großen Zentrifugalfeldern
11.) Untersuchungen über Zerkleinerungsvorgänge
12.) Untersuchungen über das plastische Verhalten von Kunststoffen usw. im Walzspalt und in Knetwerken

C) Für folgende Themen wurden Anträge gestellt:

1.) Luftstrahlmahlung
2.) Die praktische Rheologie der Knetmaschinen
3.) Kritische Prüfung der technischen Siebanalyse
4.) Untersuchung der Erscheinungen bei der Verarbeitung plastischer Massen
5.) Filtertechnische Berechnungsunterlagen
6.) Versuche über die Behandlung plastischer Massen

Forschungsberichte des Wirtschafts- und Verkehrsministeriums Nordrhein-Westfalen

Dipl.-Ing. Otto ADAM

Dr. rer. nat. Julius HIBY

Dipl.-Ing. Werner KLEINLEIN

Dipl.-Ing. Hans-Ullrich REGEHR

Dipl.-Phys. Eberhard RIEDEL

Dipl.-Phys. Ernst SCHMIDT

Hilfsassistenten und Doktoranden: zwei

Gastarbeiter: Dr. Ing. W. BATEL (Planass. d. T. H.)

Werkstätte: 1 Meister, 5 Handwerker, 1 Lehrling.

Laboratorium:

1 Chemotechniker, 1 Chemotechnikerin (b.31.10.1955), 1 Laborantenlehrling.

Sekretariat: 3 Angestellte.

Ferner als Gastarbeiter mit zeitlicher Begrenzung für Diplom- oder große experimentelle Studienarbeiten wechselnd etwa 6 bis 10 Studierende der Fachrichtung Verfahrenstechnik.

Die Verwaltungsarbeiten, wie Einkauf, Hauptbuchführung, Abrechnungen, Gehalts- und Lohnbuchhaltung erledigt die Geschäftsführung der GVT durch 1 kfm. Angestellten in Leverkusen. Die gesamte ehrenamtliche Geschäftsführung der GVT selbst, einschließlich der zeitraubenden Werbung der Mitglieder, liegt in Händen von Herrn Dr. Ing. H. MIESSNER, Leverkusen.

1. Organisation der wissenschaftlichen Arbeit

Die meist vom Institut aufgegriffenen Forschungsthemen werden in formulierten Anträgen mit einer Kostenanforderung meist beim Wirtschaftsministerium des Landes Nordrhein-Westfalen, ferner beim Bundeswirtschaftsministerium und gelegentlich als persönliche Anträge bei der Deutschen Forschungsgemeinschaft eingereicht. Die Genehmigungen erfolgen mit der Auflage, daß die interessierte Industrie mindestens den gleichen Kostenanteil trägt. Global ist diese Bedingung allein durch die Beitragssumme der GVT-Mitglieder übertroffen. Liste der laufenden Forschungsaufgaben vgl. Tabelle 2a. Die Themen setzen sich mosaikartig zu größeren Fragestellung zusammen, derzeit etwa:

Zerkleinerungsvorgänge einschl. Siebtechnik und Oberflächenbestimmung feinverteilter Stoffe,

Mechanische Flüssigkeitsabtrennung durch Filter und Zentrifugen,
Vorgänge im Filterkuchen,
Bearbeitung plastischer Massen einschl. ihrer
technischen Rheologie,
Erforschung der Wirbelschichten und Fließbetten,
Wärmephysikalische Vorgänge,
Messung von Stoffwerten.

Die abgrenzbaren Einzelfragen, Tabelle 3, Seite 39 werden in der unteren Stufe von Studierenden als große experimentelle Arbeiten und Diplomarbeiten an vom Institut vorbereiteten Versuchsanlagen unter Anleitung bearbeitet. Diese Bausteine fügen sich mit den Arbeiten der Assistenten zu Dissertationen zusammen oder werden von übergeordneten Gesichtspunkten als "Mitteilungen aus dem Institut" in der führenden Fachpresse wie VDI-Zeitschrift und Chemie-Ingenieur-Technik veröffentlicht, vgl. Zusammenstellung Anl. I. Die Träger der Forschungsaufgaben erhalten jeweils zu bestimmten Terminen Zwischenberichte, die nicht veröffentlicht werden.

2. Verbindung zur Rh. W.-Technischen Hochschule

Die Verbindung des Institutes zur Hochschule ist dadurch gegeben, daß ein vom Senat der Hochschule Aachen bestimmter Vertreter stellvertretender Vorsitzender der Forschungs-Gesellschaft Verfahrens-Technik und Mitglied des Kuratoriums, das das Institut verwaltet, ist. Außerdem ist z.Zt. das Institut mit der Lehre an der Hochschule auch in Personalunion durch den Direktor verbunden. Im Institut werden keine Routineübungen abgehalten; Studierende der letzten Semester aus der Fachrichtung Verfahrenstechnik der Fakultät für Maschinenwesen und Elektrotechnik der Technischen Hochschule Aachen werden im Rahmen des Studienplanes nach jeweiliger Meldung zu großen experimentellen Arbeiten und Diplomarbeiten zugelassen, die sich grundsätzlich mit neuen Fragen beschäftigen und die betreffenden Studenten mit der Handhabung des modernsten Instrumentariums und dem Verständnis für die Fragestellungen und die Methoden der Verfahrenstechnik vertraut machen.

Bisher gingen 35 junge Verfahrensingenieure nach Abschluß ihrer Diplomarbeiten im Institut in die industrielle Praxis, ein wesentlicher Beitrag zur Aktivierung angewandter Forschung. Zweifellos ist die Ausbildung in der Fachrichtung Verfahrenstechnik und der Weg durch das Institut verhältnismäßig mühevoll. Andererseits spiegelt sich aber genau wie in Amerika der große Bedarf der Industrie in den Stellenangeboten für Verfahrensingenieure wieder. Dazu sei erwähnt, daß die amerikanische Gesellschaft der Chemie-Ingenieure auch in der großen Krise behaupten konnte, daß keines ihrer Vollmitglieder seine Stellung verlor. In Deutschland ist darüber hinaus ein besonderer Nachwuchsbedarf vorhanden. Man schätzt, daß die gesamten Verbrauchsgüterindustrien etwas über 5600 Hochschulingenieure beschäftigen, die als Verfahrensingenieure angesprochen werden können. Aachen und Karlsruhe können aber z.Zt. jährlich wenig mehr als etwa 100 junge Diplomingenieure der Verfahrenstechnik ausbilden. Der Nachholbedarf wird also in dieser Sparte besonders groß sein, wobei man bedenken muß, daß es sich hier nicht um ein neues Spezialistentum handelt, sondern um eine in den physikalischen Grundlagen verbreitete Ingenieurausbildung, die auch den traditionellen Maschinenbausparten Neues bringen kann.

VII. Gebäude und Ausrüstung des Forschungsinstituts Aachen

Das Institutsgebäude ist ein dreigeschossiger Stahlbetonrahmenbau über einem Souterrain mit Tageslicht, Schnitte nach Abbildung 1 und 2, Gesamtansicht Abbildung 3, Lageplan im Hochschulgelände Abbildung 4. Die Werkstätte und eine Dunkelkammer sowie eine Konstantspannungseinrichtung sind im Souterrain untergebracht. Über der stützenlosen Maschinenhalle befinden sich im Obergeschoß Kleinlaboratorien, Instrumentensammlung und die Arbeitszimmer. Das Gebäude von 9200 m^3 erhebt sich über einer Grundfläche von 34,4 x 15,5 m. Die Stützen tragen die Bahn eines 5 t Kranes mit handbetätigtem Fahrwerk und Motorkatze, der die ganze Halle bestreicht. An das Hallentor schließen sich zwei Felder mit 2000 qm Bodenbelastung an, so daß Kraftwagen in die Halle fahren und vom Kran ent- oder beladen werden können. Die Höhe des freien Profils beträgt 6,50 m. Zwei Felder im Boden der Halle sind aushebbar; in einem können dann hohe Säulen, Kolonnen usw. bis zu 12 m Arbeitshöhe aufgestellt werden. Das andere Feld führt zu einer Panzerkammer im Souterrain für Apparate, die durch Drehzahl oder Druck so hoch beansprucht sind, daß Gefahrenquellen bestehen. Dieses Feld ist durch 35 cm starke Stahlbetonwände zu einem splittersicheren Arbeitsraum ausgestattet. Es kann mit Vorteil auch zu Bauartprüfungen verwendet werden, wobei alle Betätigungs- und Meßleitungen nach außen in die Halle durchgeführt werden. An den Stützen der beiden Hallenwände sind alle Energiezuleitungen hochgezogen. Abwechselnd ist

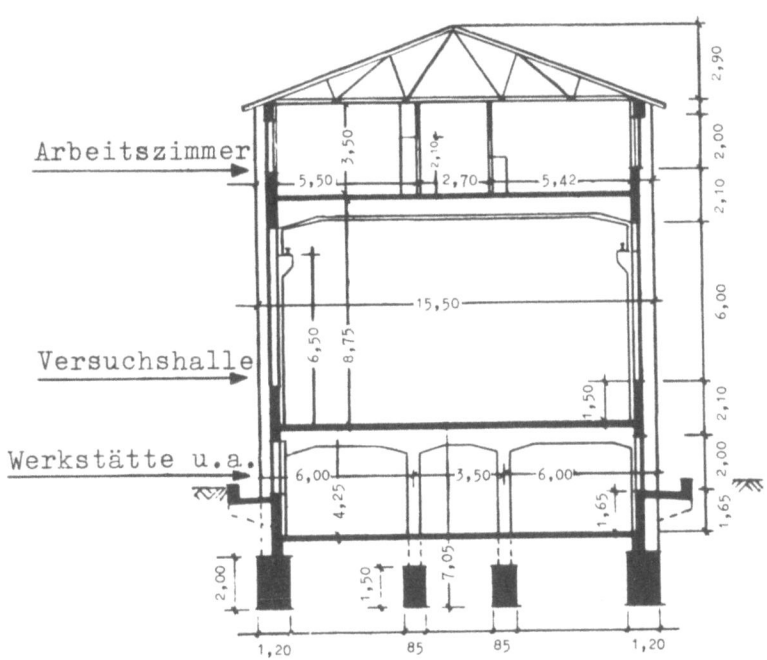

Querschnitt durch das Institut (Maße in m). Umbauter Raum 9200 m^3 über 34,4 x 15,5 m Grundfläche

Abbildung 1

Querschnitt durch das Aachener Institutsgebäude (Hallenmitte)

eine Stütze für die elektrischen Installationen mit einer Experimentierschalttafel für alle Stromarten und Spannungen ausgerüstet, während die dazwischenstehenden Stützen die Anschlüsse für Wasser, Gas und Pressluft sowie Kahneisen für Montage tragen.

Den Entwurf des Gebäudes und die Bauleitung übernahmen die Bauabteilung der Farbenfabriken Bayer, Leverkusen, unter Herrn Obering. L. RÖCK, ohne Kosten in Ansatz zu bringen. Die örtliche Bauaufsicht lag bei der staatl. Bauleitung, Herrn Oberreg.- und Baurat SCHLÜTER. Die Bauzeit betrug knapp ein Jahr, so daß das Institut im August 1953 eröffnet werden konnte.

1. Werkstätte

Die Institutswerkstätte, der ja außer der laufenden Instandhaltung der technischen Einrichtung nur Einzelfertigungen nach Zeichnung für Versuchsaufbauten obliegen, also von nicht käuflichen Geräten oder Instrumenten, muß in handwerklicher Hinsicht vielseitig sein und maschinell über leistungsfähige Mustermaschinen verfügen, vgl. Zusammenstellung Seite 27.

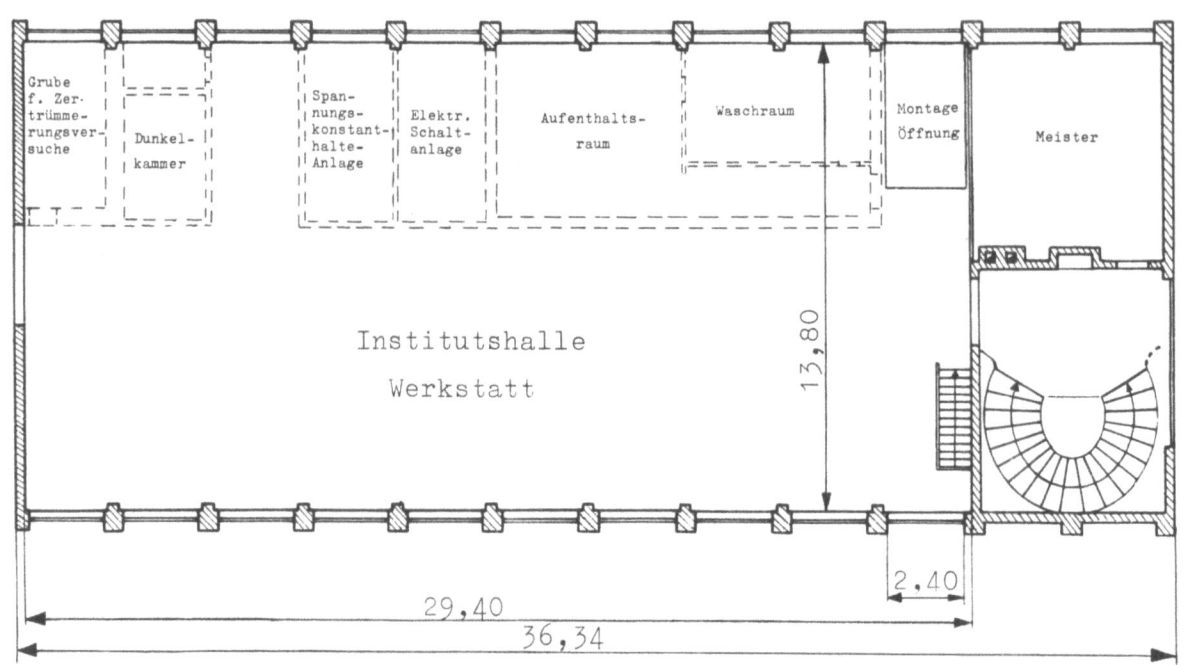

Abbildung 2
Grundriß der Halle (Souterrain-Räume gestrichelt)

Abbildung 3
Ansicht des Aachener Institutsgebäude, von NO gesehen

Es können Mechanikerarbeiten bis nahe den feinmechanischen Schwierigkeitsgraden, Schweißkonstruktionen aus Stahl, NE-Metallen und Kunststoffen sowie Schreinerarbeiten als Grundlage für die Geräte ausgeführt werden.

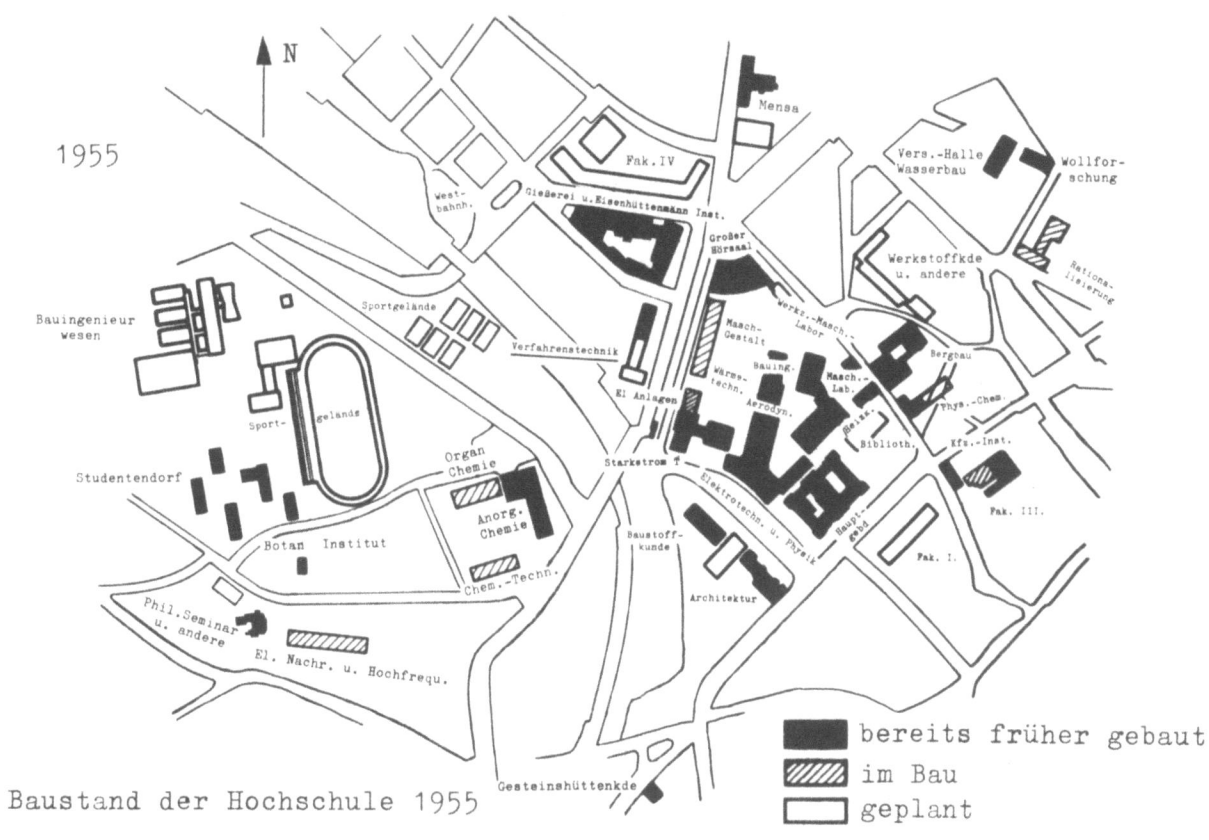

A b b i l d u n g   4
Lageplan des dztg. Hochschulgebietes mit dem Institut und
seinem Erweiterungsgelände

Für den Erfolg war es ausschlaggebend, als Werkstättenleiter Herrn ORGEIG (früher Laboratorium für Werkzeugmaschinen und Betriebslehre Prof. Dr. OPITZ) zu gewinnen, der besondere Erfahrungen im Erstellen von Forschungsanlagen mitbrachte. Ein Mechaniker hat inzwischen in der Institutswerkstätte seine Meisterprüfung mit einem regelbaren Zellenzuteiler (4 x 12 Kammern) für die Luftstrahlmahl-Versuchsstrecken abgelegt. Ein Lehrling wird ausgebildet.

Ein Handwerker hatte durch das Entgegenkommen der Farbenfabriken Bayer-Leverkusen Gelegenheit, sich mit feineren mechanischen Arbeiten vertraut zu machen, ein weiterer wurde im Institut für Kunststoffverarbeitung zusätzlich ausgebildet und ein Schlosser erwarb mit freundlicher Unterstützung der DVS-Aachen das Schweißer-Zeugnis für E.-Schweißung. Herrn ORGEIG gab die Siebtechnik GmbH., Mühlheim (Ruhr) noch vor Anlauf des Instituts die Möglichkeit, auf ihren Prüfständen mehrere Monate typisch verfahrenstechnische Versuchsanlagen praktisch kennenzulernen.

Abbildung 5
Institutswerkstätte (Teilansicht zum Hallenaufgang)

Auf diesen Grundlagen kam der selbstgebaute Diesselhorst-Kompensator mit 300 Lötstellen ohne Verdrahtungsfehler und ohne thermoelektrische Störkräfte sofort in den Gebrauch (S. 33).

Die wichtigsten Einrichtungsgegenstände sind:

VDE Einheitsdrehbank Modell S 500/2000
Leistung 7,5 kW, Spitzenhöhe 250 mm, Drehlänge 2000 mm

Drehbank "Boley"
Spitzenhöhe 130 mm, Drehlänge 500 mm

Schnellhobler Modell K 500
Stößelhub 500 mm, Tischgröße 500 x 320 mm

Bohrmaschine Varia V 5
Bohrleistung 25 - 30 mm, Bohrtiefe 175 mm

Abkantbank mit Wulsteinrichtung
Arbeitsbreite 1000 mm, max. Materialstärke 2,75 mm

Rucoco-Kaltbügelsäge Schnittbreite 150 mm

3 Schleifmaschinen für Werkzeuge

Schweißumformer UW 300, max. Leistung 300 Amp.

Werkzeuge, Meßsätze

Eine gute Universal-Fräsmaschine fehlt leider noch.

Forschungsberichte des Wirtschafts- und Verkehrsministeriums Nordrhein-Westfalen

VIII. Die Forschungsgeräte des Instituts

Besonderer Wert wurde auf ein vollständiges elektronisches Instrumentarium gelegt, dessen vielseitiger Nutzen für die Aufklärung zahlreicher Vorgänge in der Verfahrenstechnik nicht überschätzt werden kann[2]. Dazu tritt der Gesichtspunkt, daß die in den letzten Semestern im Institut mit selbständigen, wenn auch begrenzten wissenschaftlichen Arbeiten beschäftigten Studierenden und die Assistenten vorwiegend während ihrer Doktorarbeiten mit diesen modernsten Instrumenten vertraut werden. Sie erarbeiten damit nicht nur Ergebnisse, über die in Abschnitt IX im einzelnen berichtet wird, sondern bringen Methoden in die Forschungs- und Entwicklungspraxis mit, die in der Industrie vielerorts noch zu wenig Anwendung finden. Eine Liste der je nach Aufgabe zusammenschaltbaren Geräte mit den wesentlichsten Daten enthält Abbildung 6, die einen instruktiven Aufbau für eine Untersuchung zeigt. Die elektronischen Meßgeräte eignen sich besonders zur Untersuchung stationärer und instationärer schneller periodischer Vorgänge, aber auch in Verbindung mit einer Registrierkamera am Oszillographen zu Fixierungen rasch ablaufender Einzelvorgänge. Die Möglichkeiten der meßtechnischen Erfassung werden sehr universell, weil sich Schwingungsvorgänge mit geeigneten Standard-Geräten in Spannungsschwankungen umformen lassen. Wird ein Schwingungsvorgang durch eine geringe Vergrößerung der schwingenden Masse nicht gestört, dann wird an ihr ein Permanent-Magnet befestigt, der sich in einer ruhenden Spule bewegt (sog. elektrodynamischer Aufnehmer). Ist obige Voraussetzung aber nicht mehr gegeben, so wird ein elektromagnetischer Aufnehmer verwendet. Dann bewegt sich das ganze Schwingungsgebilde oder ein wesentlicher Teil im Feld eines ruhenden permanenten Magneten, der mit einer Spule bewickelt ist. In beiden Fällen werden Spannugen induziert, die der Geschwindigkeit (dx/dt) der Ortsveränderung proportional sind. Diese oft nur sehr schwachen Wechselspannungen können durch Röhrengeräte beliebig verstärkt und mit Hilfe des Elektronenstrahloszillographen (0,1 bis 40000 Hz) sichtbar gemacht und auch registriert werden. Ein vorhandenes Differentiier- und Integriergerät, zwischen den Aufnehmer des Vorganges und Oszillograph geschaltet, erlaubt ferner, die der Geschwindigkeit proportionalen Wechselspannungen wahlweise in solche proportional der Beschleunigung bzw. der Auslenkung

---

2. Sachbearbeiter: Dr. Ing. W. BATEL

Abbildung 6

Gesamtaufbau der elektronisch arbeitenden Meßgeräte
des Instituts (Beispiel: Schwingrührer)

NF-Oszillograph (0,1 ... 40000 Hz)

5 kV-Nachbeschleunigungsgerät

Elektronischer Schalter

Voigtländer-Philips Registrierkamera (etwa 1 cm/s ... 470 cm/s) zum Oszillographen

Weggeber (0,1 μ ... 1 mm)

Dehnungsgeber (0,002 ‰)

Umschaltgerät für Dehnungsmeßstreifen (10 Meßstellen)

Direktanzeigende Meßbrücke für statische und dynamische Dehnungsmessungen und für Vergleichsmessungen sehr kleiner Widerstandsänderungen

Registrierende elektronische Meßbrücke mit automatischem Brückabgleich für Dehnungsmessungen und für Geber mit Dehnungsmeßstreifen

Elektrodynamischer Schwingungsgeber für absolute Messungen

Elektrodynamischer Schwingungsgeber für relative Messungen

Amplitudeneichgerät

Schwingungserreger (bis 10000 Hz)

NF-Generator (3 ... 10000 Hz)

Kraftverstärker (bis 10000 Hz)

(Nicht abgebildet: Lichtblitzstroboskop)

umzuwandeln. Diese Möglichkeit ist sehr wertvoll für die Beurteilung von Oberschwingungen, die im Weg/Zeit-Bild der Grundschwingung kaum in Erscheinung treten und leicht der Beobachtung entgehen. Der Übergang zum direkt angezeigten Beschleunigungs/Zeit-Bild liefert die oft bedeutungsvolle Größe und Art der Oberschwingungen. Unser Differentiier- und Integriergerät gibt ferner Eichspannungen, womit eine qualitative Auswertung der Schwingungen (x; dx/dt; d^2x/dt^2) mit einer Genauigkeit von etwa 1,5 % möglich ist. Weitere elektronische Schaltgeräte gestatten die gleichzeitige Darstellung bis zu 4 Vorgängen auf dem Bildschirm des Oszillographen, wodurch die Erfassung wichtiger Phasenbeziehungen besonders einfach ist. Mit dieser universellen Einrichtung besteht die Möglichkeit, nahezu alle in der Verfahrenstechnik vorkommenden Schwingungsprobleme zu erfassen. So können beispielsweise untersucht werden:

Die Störschwingungen an Maschinen, Apparaten und Gebäuden, die bei unseren Fragestellungen durchaus nicht immer von mechanischen Unwuchten herrühren, sondern in Vorgängen begründet sein können. Für viele verfahrenstechnische Vorgänge sind Nutzschwingungen der Siebböden, in Schwingmühlen, Rüttlern zur Verdichtung, Vibromischern, Schwingförderrinnen, Zentrifugen usw. sogar erwünscht. Auch eine Auswuchtung von Maschinenteilen im Betrieb und in den eigenen Lagern ist mit den gleichen Geräten möglich. Mit speziellen Aufnehmern können Druckschwingungen in Flüssigkeits- und Gasströmungen, optische, akustische und elektrische Schwingungen im Niederfrequenzbereich, dann Temperaturschwankungen, Oberflächenrauhigkeiten usw. gemessen werden. Für die Aufzeichnung sehr langsam ablaufender Vorgänge kann statt des Oszillographen auch ein Lichtpunktlinienschreiber (4 Kanäle) und soweit es Dehnungsmessungen betrifft auch ein registrierender Kompensator eingesetzt werden.

So konnte beispielsweise das Schwingungsverhalten einer von einer deutschen Firma ins Ausland gelieferten Großzentrifuge als Betriebsstörung während der Füllung in kürzester Zeit geklärt werden.

Zur Schwingungsmessung gehört im Rahmen der Verfahrenstechnik auch die Schwingungserzeugung. Dafür steht eine Gerätekombination, bestehend aus einem Röhrensender, einem Verstärker und einigen Erregergeräten zur Verfügung. Der Sender liefert sinusförmige, elektrische Wechselspannungen, im Frequenzbereich zwischen 3 und 10000 Hz einstellbar. Die Amplitudengröße wird nach Bedarf durch den Verstärkungsgrad festgelegt. Diese Wechselspannungen werden einem nach dem elektromagnetischen Prinzip arbeitenden Schwingungserreger zugeführt. Die maximale Erregerkraft beträgt etwa 5 kg. Für geringere Kräfte können auch die bereits erwähnten Schwingungsaufnehmer, ihre Arbeitsweise ist dann umgekehrt, Verwendung finden. Werden nichtsinusförmige Schwingungen, auch Überlagerungen, verlangt, so lassen sich diese Forderungen durch entsprechende elektrische Schaltungen bzw. durch Verwendung mehrerer Sender leicht erfüllen.

Es können also beliebige Schwingungen nach Form, Frequenz und Amplitude erzeugt werden. Damit ist es möglich, die Eigenschwingungszahlen, mechanische Impedanzen, Dämpfungen usw. von Konstruktionselementen, Apparaten und Fundamenten zu messen oder zu vergleichen.

Besonders vorteilhaft ist der kombinierte Einsatz dieser Geräte im Versuchsfeld zur Erzeugung von Nutzschwingungen. Im Rahmen einer größeren Forschungsarbeit konnten beispielsweise die Vorgänge beim Sieben sowohl auf dem Sieb als auch in den Siebmaschen in Abhängigkeit von Schwingungsart (Oberschwingungen), Frequenz und Amplitude geklärt werden.

Die Messung der Schwingungen allein gibt nicht immer ausreichende Auskunft und ist in manchen Fällen nicht möglich. Auch gibt es Vorgänge, die nicht den Charakter einer Schwingung besitzen. Für diese Fälle ist eine visuelle Beobachtung notwendig. Diese Forderung hat zur Entwicklung stroboskopischer Geräte geführt, mit denen alle periodischen Vorgänge scheinbar zum Stillstand gebracht oder verlangsamt werden können. Unser elektronisch gesteuertes Lichtblitzstroboskop ist so lichtstark ($20 \cdot 10^6$ Lumen), daß es sich auch bei hellstem Tageslicht einsetzen läßt. Die Lichtblitzdauer beträgt im Mittel 0,003 sec, Frequenzbereich bis 300 Hz. Durch Zusammenschalten mit den bereits erwähnten Schwingungsmeßgeräten wird die Verbindung zwischen Beobachtung und evt. Anzeige erzielt; auch eine Synchronisierung zwischen Vorgang und Lichtblitz. Besonders interessierende Phasenverhältnisse sind leicht zu erfassen.

Als Verwendungsbeispiele seien genannt:
Vorgänge bei der Kuchenbildung in Zentrifugen, Vorgänge in Schwingmaschinen, Spinntöpfen, pneumatischen Förderanlagen, Zerstäubungsvorgänge, Verhalten der Flüssigkeit in schnellaufenden oder schwingenden Rührwerken usw. Über derartige Ergebnisse wird im Abschnitt IX im einzelnen berichtet.

Forschungsberichte des Wirtschafts- und Verkehrsministeriums Nordrhein-Westfalen

Ein automatisch arbeitendes, elektronisches Registriergerät sowie direkt anzeigende Meßbrücken dienen in Verbindung mit Dehnungsstreifen und Dehnungsgebern zur Messung mechanischer Größen. Mit den Meßstreifen und den Geberelementen in verschiedener Bauart lassen sich beispielsweise folgende Größen messen und registrieren:

Statische und dynamische Spannung in Werkstoffen, Drehmomente, Oberflächenrauhigkeit, Gas- und Flüssigkeitsdrucke (Mengenmessung), Kräfte und Gewichte usw.

Im Bereich der gesamten Technik muß der für die rasch steigende Produktion von Verbrauchsgütern ständig zunehmende Energiebedarf als Energiefluß in gewünschter Weise gesteuert werden, in naher Zukunft auch die Atomenergie. Abgesehen vom elektrischen Strom für Elektrolysen und wohl steigend Energien aus Reaktoren, verwendet die Verfahrenstechnik in Verbrennungsprozessen frei werdende Wärme. Dabei ist meist die Wärmeströmung zu verbessern wie z.B. in den Wärmeübertragern oder der Heiz- und Kühltechnik in der chemischen Industrie. Die Unterbindung unerwünschter Wärmeübertragung durch Isolationen verlangt in der Verfahrenstechnik oft besondere Lösungen.

Die Größe der durch feste Apparatewände stündlich übertragenen Wärmemengen hängt von der Temperaturdifferenz, von der Heizflächengröße und im Falle der reinen Wärmeleitung von der Wärmeleitzahl und dem von der Wärme zurückzulegenden Weg ab. Bei Wärmeübertragung durch Konvektion tritt an Stelle der Wärmeleitzahl die Wärmeübergangszahl.

Der konvektive Wärmeaustausch wird verwickelt infolge der Bewegungen der beteiligten Flüssigkeiten oder Gase. Auch ist er von der Wärmeleitung nicht zu trennen.

Der Ähnlichkeitstheorie der Wärmeübertragung ist es für viele Fälle gelungen, den konvektiven Wärmeaustausch mit Hilfe dimensionsloser Kenngrößen zu beschreiben. Es genügt dann, durch wenige Modellversuche das Zusammenspiel aller Einflußgrößen zu klären. So kann man alle ähnlich gelagerten Wärmeübergangsprobleme lösen, wenn die Stoffkonstanten in den Kenngrößen bekannt sind.

Bei den meisten Vorgängen genügt die Kenntnis von nur vier spezifischen Stoffgrößen: des spezifischen Gewichtes, der Wärmeleitfähigkeit, der spezifischen Wärme und der Zähigkeit.

Ihre Ermittlung ist ein wesentlicher Bestandteil jeder verfahrenstechnischen Forschung.

Daher wurde im Forschungsinstitut Verfahrenstechnik ein wärmetechnisches Labor[3] eingerichtet, in dem fehlende Stoffgrößen und ihre Abhängigkeiten bestimmt werden.

Die vier oben erwähnten spezifischen Größen ändern sich mit der Temperatur, weniger mit dem Druck. Wesentliche Einrichtungen sind daher sehr genau arbeitende Temperaturmeßgeräte, weil bei der Bestimmung der Wärmeleitfähigkeit und der spezifischen Wärme Temperaturdifferenzen genau gemessen werden müssen. Messungen der Wärmeströme und der Temperatur lassen sich, wenn letztere mittels Thermoelement oder Widerstandsthermometer bestimmt wird, auf elektrische Größen zurückführen.

Dafür steht als Präzisionsgerät ein thermokraftfreier Diesselhorst-Kompensator zur Verfügung. Sein Meßbereich von 10^{-8} bis 1,1 Volt deckt den gesamten technisch interessierenden Bereich mit größter Genauigkeit. Geeignete Vor- und Nebenwiderstände erlauben außerdem die exakte Ermittlung elektrischer Stromstärken bis 5 Amp. und von Spannungen bis 220 Volt.

A b b i l d u n g 7
Meßtisch mit eingebautem Diesselhorstkompensator
(Spiegelgalvanometer und Vielfachumschalter)

---

3. Sachbearbeiter: Dr. Ing. W. LEIDENFROST

Forschungsberichte des Wirtschafts- und Verkehrsministeriums Nordrhein-Westfalen
___

Abbildung 7 zeigt unseren in der Institutswerkstätte gebauten fünfdekadigen Kompensator, der mit allen benötigten Hilfsgeräten (teilweise eigene Sonderentwicklungen) in einen Meßtisch eingebaut ist.

Zu den Zusatzgeräten gehören in erster Linie 12 Normalwiderstände. Diese sind so angeordnet, daß an beiden Seiten des Tisches je zwei Apparaturen zur Ermittlung von Wärmeströmen angeschlossen werden können. Vier eingebaute Spannungsmesser mit je vier Meßbereichen dienen zur Überwachung und zur rohen Kontrolle der Meßwerte. Ebenfalls beidseitig angeordnet sind zwei Vielfachumschalter mit je 30 Temperaturmeßstellen. Der eine davon erlaubt ferner den gleichzeitigen Anschluß von drei verschiedenen Thermoelementenpaarungen. Alle Anschlüsse an diese Geräte erfolgen durch Spezialstecker, die bei den Thermoelementenumschaltern auf kleinstem, temperaturkonstantem Raum einen Vielfachkontakt mit nur kleinen Störungen durch schädliche Thermokräfte ermöglichen.

Zusätzlich können weitere 6 Apparaturen angeschlossen werden, bei denen wahlweise mit Widerstandsthermometern oder Thermoelementen gearbeitet wird, oder bei denen irgendwelche sonstigen Spannungsmessungen durchzuführen sind. Insbesondere können auch Meßgeräte durch Vergleich mit den im Meßtisch eingebauten oder angeschlossenen Normalen überprüft werden. Ein Hauptumschalter stellt die Verbindung aller mit wenigen Handgriffen wählbaren Anschlüsse mit dem Kompensator her. Die Anzeige erfolgt durch ein Spiegelgalvanometer hoher Empfindlichkeit, so daß z.B. $1/1000^\circ$C noch sicher abzulesen ist.

Bei solchen wärmetechnischen Untersuchungen erfordert nun die Einstellung eines Gleichgewichtszustandes oft Stunden und Tage, bis eine einwandfreie Messung durchführbar wird.

Große vielseitige Meßprogramme erfordern also zur raschen und genauen Abwicklung Einrichtungen wie beschrieben. Es sei noch erwähnt, daß unter Verwendung einer angebauten Gegensprechanlage auch Versuchsstände in der Halle oder anderen Laboratorien auf den Kompensator geschaltet werden können. Abbildung 8 zeigt eine Wärmeleitzahl-Meßapparatur des Instituts zur Ermittlung des Leitvermögens von flüssigen, gas- und pulverförmigen Stoffen. Sie besteht im wesentlichen aus einem zylindrischen Heizkörper mit halbkugeligen Enden, der von der Versuchssubstanz im aequidistanten Spalt umgeben ist. Nach außenhin wird sie durch eine entsprechende Innenbohrung des Kühlkörpers begrenzt. Durch Verwendung verschieden dicker

Abbildung 8

Präz.-Meßeinrichtung zur Bestimmung der Wärmeleitfähigkeit von flüssigen und gasförmigen Stoffen in weiten Druck- und Temperaturbereichen

Heizkörper kann die Spaltweite variiert werden. Bei konstant gehaltener Kühlkörpertemperatur stellt sich die Heizkörpertemperatur entsprechend der in ihm stündlich erzeugten Wärmemenge sehr rasch ein, ohne daß man bis zur Erreichung des Beharrungszustandes nachregeln muß.

Der Meßspalt kann nach außen druckdicht abgeschlossen werden. Veränderungen der zu untersuchenden Substanz durch Wandeinflüsse (Schutzüberzug aus Edelmetall) oder durch die Außenluft sind also ausgeschlossen.

Der nutzbare Druckbereich erstreckt sich vom Hochvakuum bis etwa 300 at, der Temperaturbereich von $-60°$ bis $+500°C$.

Die zweite Apparatur gestattet die rasche Ermittlung des Wärmeleitvermögens plattenförmiger, nichtmetallischer Festkörper mit Dicken bis zu 100 mm und in einem gewünschten Temperaturbereich. Der erforderliche

Wärmestrom ist bei bekannten geometrischen Abmessungen ein Maß für das Wärmeleitvermögen.

Handelsübliche Zähigkeitsmeßgeräte erlauben auch die Ermittlung der Zähigkeitsgrößen von Nicht-Newton'schen Flüssigkeiten.

Alle Instrumente sind, soweit möglich, durch die PTB geeicht, so daß den im Institut ermittelten Werten eine hohe absolute Genauigkeit zugesprochen werden kann.

Für die Messung der spezifischen Wärmen von festen, flüssigen und gasförmigen Körpern, ferner für Zähigkeitsmessungen bei hohen Drucken und hohen Temperaturen sollen neue Geräte entwickelt werden. Auch die Meßbereiche der wärmephysikalischen Geräte sollen erweitert werden. Das Institut wird bald die wichtigsten Stoffgrößen auch unter extremen Bedingungen ermitteln können, die im Hinblick auf viele großtechnische Verfahren von aktuellem Wert sind.

Ein Hochvakuumstand von LEYBOLD ergänzt die Meßmöglichkeiten und ermöglicht die Erforschung eines neuartigen Isolationsverfahrens, vgl. Seite 56 Auch diese Arbeitsrichtung dient der richtigen und sparsamen Gestaltung von Apparaten ebenso wie dem systematischen Verfahrensaufbau.

Zum allgemeinen Instrumentarium gehören noch p_H- und elektrische Leitfähigkeitsmeßgeräte sowie dielektrische Einrichtungen und eine leistungsfähige elektrische Rechenmaschine. Eine komplette Panphotausrüstung (LEITZ) gestattet die optische Auswertung vor allem zerkleinerungstechnischer Ergebnisse. Schmalfilm-Kinoaufnahmen bis 64 B/sec können im Institut gemacht werden; darüber hinaus wird eng mit dem Institut für den wissenschaftlichen Film in Göttingen zusammengearbeitet. Ein druckfestes Betz-Mikromanometer hat sich zunächst für Untersuchungen an Wirbelschichten sehr bewährt. Diese und die gängigsten Glasgeräte für physikalische oder physiko-chemische Hilfsarbeiten sind in zwei kleineren Laboratorien[4] zusammengefaßt.

IX. Größere Maschinen und Versuchsstände der Halle

Die ständige Einrichtung der Falle ist auf die derzeitig mit Schwerpunkt bearbeiteten Gebiete der Feinverteilungen und Zerkleinerungstechnik sowie

---

4. Sachbearbeiter: Dr. rer. nat. J. W. HIBY

der gesamten mechanischen Flüssigkeitsabtrennung abgestellt, Abbildung 9. Bewegliche Aufstellung auf Schwingmetall ist Grundsatz.

Die Versuchsapparate zur Bearbeitung der Forschungsaufgaben, nach Entwürfen des Instituts in der Werkstätte gebaut, werden nach Möglichkeit im Modellmaßstab entwickelt und auf die Halleneinrichtung abgestellt.

X. Bericht über Arbeiten des Forschungsinstituts Verfahrenstechnik 1953/55

Eine Übersicht der Themengliederung gibt die Tabelle 3 dieses Berichtes.

1. Feuchtsiebung feinkörniger Haufwerke

Im Rahmen der ersten experimentellen Dissertation (W. BATEL 1954) aus dem Institut wurden unter Zuhilfenahme kapillarphysikalischer Vorstellungen Grundlagen erarbeitet, die für verschiedene Arbeitsrichtungen so fruchtbar wurden, daß sie hier vorangestellt seien. So entstanden Beiträge nicht nur zum Siebproblem selbst, sondern auch zur mechanischen Flüssigkeitsabtrennung (zunächst der Filtration und der Schleuderung), der Bewegungsvorgänge und der Zusammenhaltmechanismen feuchter Suspensionen einschließlich erster Ergebnisse über ihre Verarbeitung im plastischen Bereich (Kneten, Walzen). Die übergeordnete Bedeutung klar herausgeschälter Effekte für mehrere, zunächst gar nicht verwandt erscheinende Zweige der Verfahrenstechnik und nicht zuletzt der Wert anschaulicher Sichtbarmachung in einem Forschungsfilm (C 684/1954 Göttingen) beweisen sich hier.

Die grundlegende Arbeit wurde an einem Schwingmodell von wenigen cm^2 wirksamer Fläche ausgeführt. Durchgang und Maschenverstopfung, Siebheizung und Art der Drahtoberfläche wurden in Abhängigkeit vom Feuchtigkeitsgehalt und Kapillareffekten untersucht und geklärt.

2. Bewegungseigenschaften feuchter Haufwerke

Auf die Frage nach dem Verhalten feuchter Haufwerke führen viele Aufgaben der Technik. Feuchte Haufwerke sind beispielsweise alle Ackerböden, die Erdöllagerstätten, der noch nicht erhärtete Beton, die Rohstoffe für die keramische Industrie, Farbdruckpasten. Ebenso durchlaufen die körnigen Massengüter, wie Kohle, Erz, Düngemittel usw. einige großtechnische Aufbereitungsstufen im feuchten Zustand. Die Besonderheit dieser dispersen,

Abbildung 9
Hallenansicht

Wesentliche apparative Einrichtung:

Siebeinrichtung für Körnungsanalysen
Labor-Stiftmühle
Einschwingen-Backenbrecher (6 PS)
Siebmaschine "Vibratom" und Kastensieb
Windsichter n. Gonell (mehrstufig)
Versuchsstrecke 50 mm ∅, ca. 20 m für Regelversuche
Vertikale Versuchszentrifuge mit mehreren Trommeln
Filterpresse
Laborknetmaschine
Kompressor für 6 atü
Wasserringpumpe, Leistung 1000 m^3/h eff., 50 Torr
Hochvakuum-Pumpstand für Endvakuum von 10^{-5} Torr
Versuchsstand für Hydrozyklon mit Kanalradpumpe

feuchten Systeme liegt darin, daß die äußere Feuchtigkeit dem Haufwerk spezifische Eigenschaften verleiht, z.B. das Zusammenhaften, die Bildsamkeit oder die Plastizität. Letztere Eigenschaft führt besonders zu klaren Vorstellungen. Dabei wird hier nicht die sogenannte molekulare oder kolloide Plastizität sondern die der gröber dispersen Systeme behandelt. Plastizität ist nach einer Definition von P.A. THIESSEN und A. EUCKEN dann vorhanden, wenn ein Körper durch äußere Kräfte ohne Risse und Brüche stark verformt werden kann und die gewonnene Gestalt nach dem Aufheben der äußeren Kräfte im wesentlichen beibehält. Damit ein disperses System diese Eigenschaft besitzt, müssen zwei Voraussetzungen erfüllt sein. Erstens muß eine genügende Beweglichkeit der Körner gegeneinander bestehen und zweitens sind Haftkräfte notwendig, die die Körner zusammenhalten. Dieser Mechanismus wird durch die als äußere Feuchtigkeit in bestimmten Beträgen im Haufwerk enthaltene Flüssigkeit gewährleistet.

Seine Wirkungen sind in Abbildung 10 in Abhängigkeit von der Feuchtigkeit dargestellt. Für eine bestimmte Korngröße und Kornform nimmt der Reibungskoeffizient mit der Feuchtigkeit ab, d.h. die relative Beweglichkeit der Körner nimmt bei Betrachtung nur dieses Einflusses mit der Feuchtigkeit zu. Die zweite notwendige Voraussetzung für plastisches Verhalten liefert die an den Berührungspunkten der Körner vorliegende Zwickelflüssigkeit, die Abbildung 11.(Ausschnitt aus dem Forschungsfilm) zeigt. Die Kapillarwirkungen dieser in Ringwulsten um die Berührungspunkte der Körner festgehaltene Flüssigkeit verursachen Haftkräfte, die nach Abbildung 10 mit zunehmendem Wassergehalt ansteigen, um nach einem Maximum wieder abzufallen. Dieser Abfall setzt dann ein, wenn die einzelnen, voneinander getrennten Zwickelflüssigkeiten beginnen zusammenzufließen. Die dann als sog. kapillare Steigflüssigkeit bzw. Zwischenraumkapillarflüssigkeit mehr und mehr in Erscheinung tretende Flüssigkeit liegt nun in den zusammenhängenden Kapillaren im Haufwerk vor. Sind schließlich diese Zwischenraumkapillaren voll mit Flüssigkeit ausgefüllt, dann verschwinden die Haftkräfte mit Ausnahme geringer Kapillarwirkungen, die von der Berandung des Haufwerkes herrühren. Das Haufwerk ist nun "naß", es fließt deutlich, eine Siebung führt zu stark erhöhten Durchsätzen.

Diese Haftkräfte sind nun unter anderem auch die Ursache dafür, daß ein grobdisperses System plastische Eigenschaften zeigt, Eigenschaften, die besonders für die keramische Industrie wichtig sind. So ist Bildsamkeit der keramischen Rohstoffe Voraussetzung zur Herstellung von Porzellanteilen, Tonwaren, Ziegelerzeugnisse usw. Einige Ergebnisse aus ersten Versuchen zunächst über die Knetleistungen an plastischen Stoffen sind in Abhängigkeit vom Feuchtigkeitsgehalt in Abbildung 12 dargestellt. Plastizität im eigentlichen Sinne liegt im allgemeinen dann vor, wenn im Haufwerk bereits kapillare Steigflüssigkeit (Zwischenraumkapillarflüssigkeit nach

Tabelle 3

BEARBEITETE PROBLEME 1953/55

Forschungsinst. Verfahrenstechnik der GVT an der T.H.-Aachen

TRENNEN				VEREINIGEN		
Sieben		Zerkleinern		Kneten		Rühren
Feucht-Feinsieben	⊞	Backenbrecherunters.	ⓐ	Trogkneter-Charakt.	O⊕	Schwingrührer O
Schwingsieb-Mechanik	⊕⊕	Stiftmühle:		Verhalten plast.Susp.	⊕	
Schw.-Siebböden	⊕⊕	Kenngrößen	OO	Walzvorg. zwischen		
Siebspannung	⊕	Prallanteil	O	Walze u.Platte	⊕	
Abnahme Großsieberei	O	Kugelmühle:				
		Verlustarb.d.Kugeln	⊕O⊕⊕O			WÄRMEPHYS.
Siebanalysen		Konzentraeinbau	⊕□	TECHNISCHE		
Gonell-Vielrohrsichter	⊕⊕	Mahlgesetze	⊕	REAKTIONSFG!		
Oberfl.-Vergleiche	□	Zuteilerstatistik	⊕⊕⊕O			
Streuungs-Statistik	⊕	Kaltmahlung	⊕	Wirksame Oberfläche	⊕	Trocknersuchung ⊕⊕ⓐ
		Hammermühle (BK)	⊞□	i. Kugelhaufen		Stoffwerte (λ) Oⓐ
		Luftstrahlmahlung		Verweilzeitspektrum	⊕	Komponenten von λ in
		Körnungsnetz		i. Kugelhaufen		dispersen Stoffen
Filtrieren				Stoffübergang Ionen-		Dünnschichtverdampfung ⊕ⓐ
Restfeuchtigkeit	□	Filmbeschleunigungen auf	⊕⊕⊕⊕O⊕⊕⊕	austauscher		
(Korngröße)	O	rotierenden Scheiben		Verseifungsmechanismus	ⓐ	
Modellversuch F.-Presse	⊕⊕□	Kornzertrümmerung		Ausgleichskurven/	⊞	
Filtergesetz	O⊕	Schichtbildung		Regelvorgänge		
Kapillarität u.Filtration	⊕OO	Textilzentrifuge				
Filterhilfsmittel	OO	Vorkonzentration		Zeichen:		
Modellvers. Drehfilter	⊕⊕	Restfeuchtigkeit		O Studienarbeiten		
Waschvorgang		Hydrozyklon		⊕ Diplomarbeiten		
		Emuls.Techn.(Herst.Trennng.)		□ Institutsarbeiten		
				⊞ Dr.-Arbeit ⊞ Dr.-Arbeit nicht abgeschl.		
				ⓐ Auftragsforschung (insges. ca. 60 Arbeiten)		

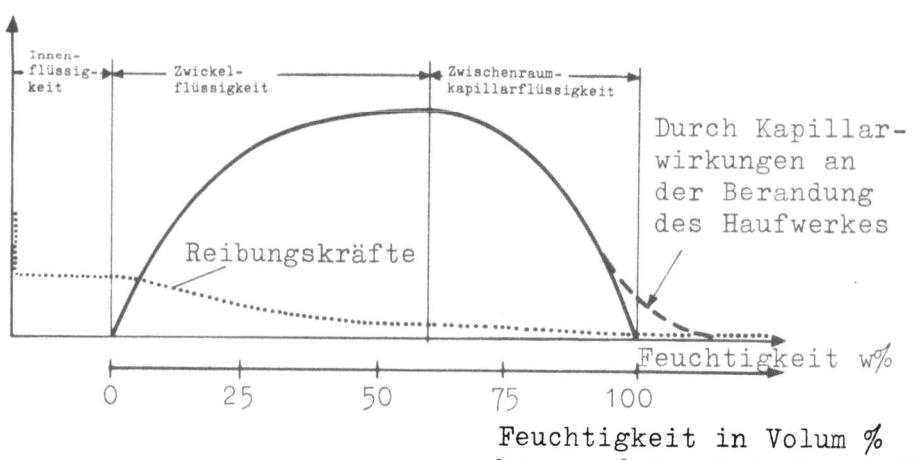

Abbildung 10

Mittlere kapillare Haftkraft in feuchten Haufwerken (qualitativ).
Schematische Darstellung des Einflusses der Zwischenraumflüssigkeit
auf die mechanischen Eigenschaften feuchter, körniger Haufwerke

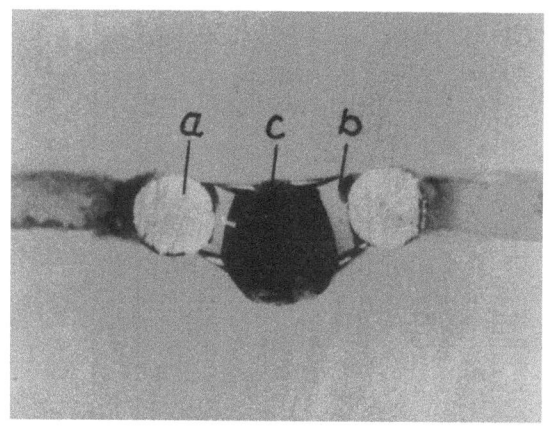

Abbildung 11

Siebverstopfung infolge Kapillarflüssigkeit Siebmasche aufgeschnitten;
a: Siebdraht;   b: Kapillarflüssigkeit;   c: Kohlekorn

Im Film erweist sich das System als schwingungsfähig, sobald das Sieb schwingt. Die Kapillarflüssigkeiten sind als "Federn" erstaunlich tragfähig und tragen das Korn als Masse bis zu hohen Siebbeschleunigungen.

Abb. 10) auftritt. Die relative Beweglichkeit zwischen den Körnern wird durch die Flüssigkeit vergrößert, jedoch durch die kapillaren Haftwirkungen auf sehr kleine Wegelemente von Korn zu Korn beschränkt.

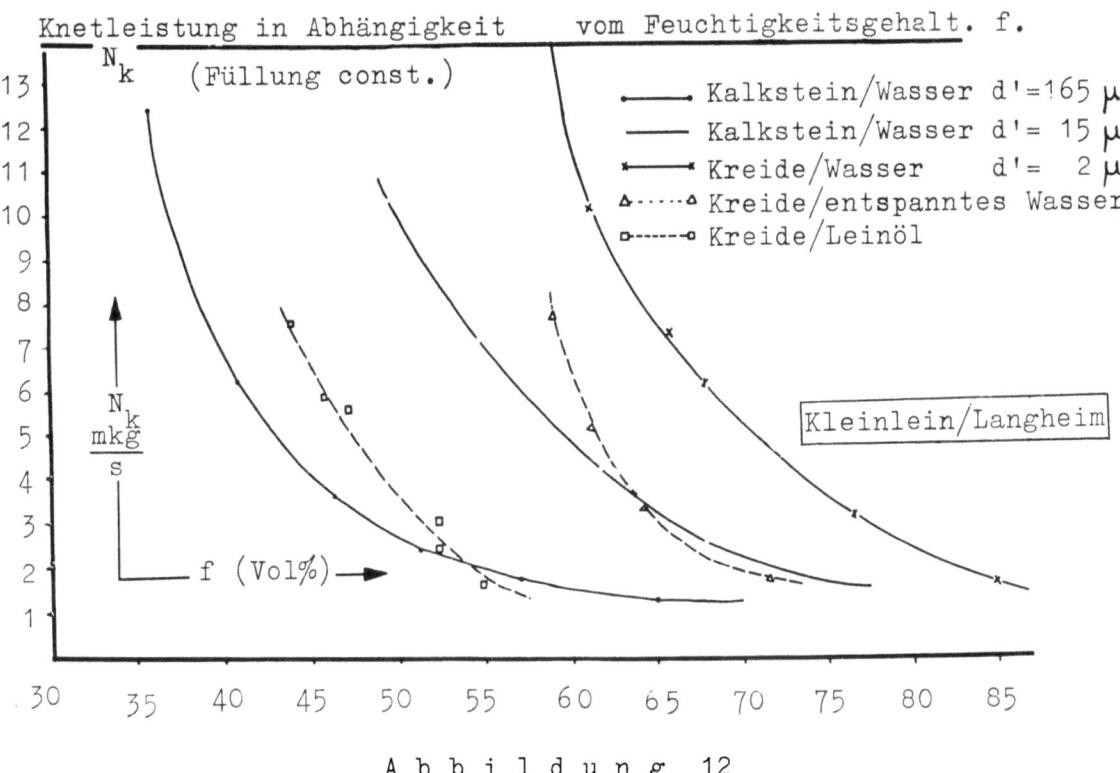

Abbildung 12

Vorversuche am Doppeltrogkneter. Die Versuche zeigen die Einflüsse der statistisch gemittelten Korngrößen d', der Oberflächenspannungen und der Zähigkeiten an ausgewählten Stoffpaaren abhängig vom Gesamtfeuchtigkeitsgehalt f. Kennzeichnende Meßgröße: die Knetleistung N_k, vgl. S. 53

An Hand der vorliegenden Kurven und obiger Ausführungen über die Haft- und Reibungskräfte lassen sich nun recht gut einige wichtige rheologische Eigenschaften von feuchten, körnigen Stoffen, und zwar das Verfestigen und Erweichen bei Einwirkung einer Scherbeanspruchung deuten, also Erscheinungen, die mit dem dilatanten und thixotropen Verhalten von kolloiden Systemen phänomenologisch vergleichbar sind.

In Abbildung 10 ist dargestellt, daß die kapillaren Haftkräfte (von den Wirkungen an der Berandung des Haufwerkes zunächst abgesehen) dann verschwinden, wenn das Zwischenraumvolumen voll mit Flüssigkeit ausgefüllt ist. Wird nun beispielsweise ein Haufwerk, in dem bereits kapillare Steigflüssigkeit in nicht zu großer Menge vorhanden ist, gerüttelt, dann lagern sich die Körner, meist unter gleichzeitiger Orientierung, dichter aneinander. Das Zwischenraumvolumen wird also bei gleichem Feuchtigkeitsgehalt kleiner und dadurch mehr mit Flüssigkeit ausgefüllt. Mit diesem Vorgang der Abnahme des Zwischenraumvolumens bzw. der Zunahme seiner prozentualen Feuchtigkeit (Volumenprozente!) nehmen die kapillaren Haftkräfte und damit auch diejenigen Kraftwirkungen ab, die einer mechanischen Verformung entgegenwirken. Die scheinbare Zähigkeitsgröße sinkt, es liegt ein ähnliches Verhalten wie bei thixotropen Stoffen vor. Wird umgekehrt ein Haufwerk, dessen Zwischenräume anfangs fast mit Flüssigkeit ausgefüllt waren, aufgelockert, dann wird die prozentuale Erfüllung des neuen Zwischenraumvolumens kleiner, die kapillaren Haftkräfte steigen nach Abbildung 10 an und damit auch die scheinbare Zähigkeit bei einem Verformungsvorgang. Das ist der Fall der Verfestigung. Es gibt also auch bei grobdispersen Systemen ähnliche Erscheinungen wie bei kolloiden Systemen, jedoch sind die Ursachen völlig andere.

Die in Abbildung 10 angegebene Kurve über die Existenz und das Verhalten der Haftkraft zeigt weiter, daß körnige Stoffe durch Feuchtigkeit agglomerieren können. Das Agglomerieren sehr feinkörniger Pulver durch geringe Feuchtigkeit ist ein für die Herstellung von Düngemitteln oft bedeutungsvoller Prozeß.

Nun gibt es andererseits sehr viele Verfahren, die eine ausreichende relative Beweglichkeit der Körner mit genügend großen Wegelementen voraussetzen. Das sind alle Verfahren zum Trennen und Mischen körnigen Gutes. Während die Trennvorgänge besonders in den Aufbereitungsstufen für Steinkohle, Erze usw. vorkommen, ist der Mischprozess beispielsweise zur Herstellung der Betonmischungen von besonderer Bedeutung. Die kapillaren Haftkräfte beschränken aber die erwähnte notwendige, relative Beweglichkeit der Körner auf sehr kleine Wegelemente, so daß die genannten Verfahren dadurch oft nicht nur erschwert, sondern sogar völlig undurchführbar werden, wie am Beispiel der Feucht-Siebklassierung im einzelnen gezeigt werden konnte. Aus der Klärung dieses Verhaltens und seiner Ursachen ergeben sich zahlenmäßig die Grenzen und Möglichkeiten zur Durchführung dieser Prozesse.

Die Relativbewegungen der Körner in statistischer Folge verursachen ganz allgemein das fließähnliche Verhalten der Schüttgüter. Wird diese relative Beweglichkeit durch kapillare Haftkräfte eingeschränkt, so geht das Fließverhalten des Schüttgutes entweder ganz verloren oder wird in die plastische Verformbarkeit übergeführt. Diese Vorgänge wurden an einigen für die

Lagerung und den Transport von Schüttgütern besonders wichtigen Beispielen z.B. auf die Böschungswinkel und den Auslauf von körnigen Stoffen aus Bunkern und Gefäßen und die Fördergeschwindigkeit in Schwingrinnen untersucht. Die gefundenen Erkenntnisse lassen sich auch auf andere Fälle wie auf das Verhalten des Ackerbodens bei der Bearbeitung, auf das Fließen von Beton in der Schalung, um nur einige Beispiele zu nennen, übertragen.

3. Restfeuchtigkeit beim Filtern und Schleudern

Durch Untermauerung kapillar-physikalischer Betrachtungen ist es weiter gelungen, die Vorgänge bei der mechanischen Flüssigkeitsabtrennung (Restfeuchtigkeitsprobleme) in den Grundlagen zu klären. Ziel der mechanischen Flüssigkeitsabtrennung ist es, eine möglichst weitgehende Trennung von Feststoff-Flüssigkeitsgemischen durchzuführen, um entweder den körnigen Feststoff oder die Flüssigkeit, in vielen Fällen auch beide, mittels mechanischer Kraftwirkungen zu gewinnen. Diese Aufgabe läßt sich je nach Art der vorliegenden Bedingungen durch Sedimentation im Erd- oder Zentrifugalfeld (Klärbecken, Eindicker, Hydrozyklone), dann durch Filtrieren, Schleudern, Pressen, ferner auf Entwässerungssieben, in Abtropftürmen usw. durchführen. Diese Verfahren haben gegenüber einer Trocknung den Vorteil der größeren Wirtschaftlichkeit und Schonung des Gutes. Weiter ermöglichen sie, sowohl den Feststoff als auch die Flüssigkeit zu gewinnen. Dagegen besteht prinzipiell der Nachteil, daß der erreichbare Grad der Flüssigkeitsabtrennung, also die Restfeuchtigkeit, begrenzt ist.

Die umgekehrte Aufgabenstellung, also das Flüssigkeitshaltevermögen körnigen Gutes und poröser Stoffe, ist für die Landwirtschaft, die Erdölgewinnung, die Bauindustrie, die Bodenmechanik usw. von besonderem Interesse. Alle diese Vorgänge haben aber eine gemeinsame Problemstellung und zwar die Frage: "Welche Flüssigkeitsmengen sind unter gegebenen Bedingungen im körnigen Gut oder porösen Stoffen vorhanden?" Eine Antwort hierauf läßt sich nur geben, wenn man die im Haufwerk vorliegende Flüssigkeit ihrem physikalischen Verhalten nach aufgliedert. Durch diesen Schritt und durch die weitergehende Anwendung der Kapillarphysik auf die unterschiedlichen geometrischen Verhältnisse in den Haufwerken ist es gelungen, sowohl für die Flüssigkeitsmengen, die an der Oberfläche der Körner w_h und an den Berührungsstellen zwischen den Körnern w_z vorliegen, zahlenmäßige Beziehungen zu finden. Auch die Beziehungen für die Steighöhe h_s der kapillaren Steigflüssigkeit, die das gesamte Zwischenraumvolumen in der

Kornschüttung ausfüllt, konnten beschrieben und in zahlreichen Versuchsreihen erhärtet werden. Abbildung 13 faßt diese im Institut erarbeiteten Beziehungen zusammen und zwar in der allgemeinen Fassung für Beschleunigungsfelder, also z.B. für die Entwässerung auf Zentrifugen. Wird in den Formeln z = 1 gemacht zur Anwendung im Schwerefeld der Erde, so sind sie zugleich für Abtropftürme und Filter brauchbar. Es ergibt sich unmittelbar, daß die Zentrifugalbeschleunigung und auch die Oberflächenspannung in die Beziehungen für die Restfeuchtigkeit nur mit der 4. Wurzel eingehen, daß sich also großer Aufwand in dieser Richtung nicht immer lohnt und jedenfalls genau überlegt werden muß.

Entfeuchtung in Beschleunigungsfeldern.

$$W = W_i + \frac{H-h_s}{H}(W_h+W_z) + \frac{h_s}{H} \cdot W_r$$

$$W_h + W_z = \frac{\gamma F}{\gamma K}\left[\underbrace{K\frac{\sigma_i \cos\vartheta}{\gamma F}}_{K_i} \underbrace{\frac{O_k \cdot \gamma K}{z \cdot d_m}}_{\text{Geometrie}}\right]^a$$

Kapillar   Geometrie

Für Kalk-Wasser ist $K_i = 5180$ $a = 0{,}25$ (Lohre)
Kohle-Wasser ist $K_i = 3340$ (Schilken)

$$h_s = \underbrace{\frac{2\sigma_i \cdot \cos\vartheta}{\gamma F}}_{C_i} \cdot \frac{1}{z}\left(\frac{D_k}{d_m^2 \cdot V_z}\right)^b$$

Für Kalk-Wasser ist $b = 0{,}388$ $C_i = 8{,}08$

[Batel]

Feuchtigkeit W%

A b b i l d u n g   13

Beziehungen über die Anteile der Restfeuchtigkeit in mechanisch entfeuchteten Haufwerken

σ_1 ... Oberflächenspannung ϑ ... Randwinkel (Kapillarität)
O_k ... spez. Oberfläche cm^2/g der Körner im Haufwerk
d_m ... mittl. Durchmesser der Körner (arithmetisch gewogen)
h_s ... kapillare Steighöhe im feuchten Kuchen von der Stärke H.
z ... Schleuderziffer als das in Schleudern wirksame Vielfache der Erdbeschleunigung

Beim Trockensaugen oder -blasen des Kuchens auf Nutschen oder Filterapparaten wandert die Sprungstelle zwischen $(w_h + w_z)$ und Zwischenraumwasser w_r bei längerer Einwirkung zum Filterboden hin und zwar umso wirksamer bezüglich mittlerer Restfeuchtigkeit je dicker der Kuchen ist, Abbildung 14. Dieser zu wenig bekannte Effekt dürfte sich auf die Apparate und ihre Betriebsweise in vielen Fällen auswirken. Diese Ergebnisse werden bis zur Praxisreife verfolgt werden.

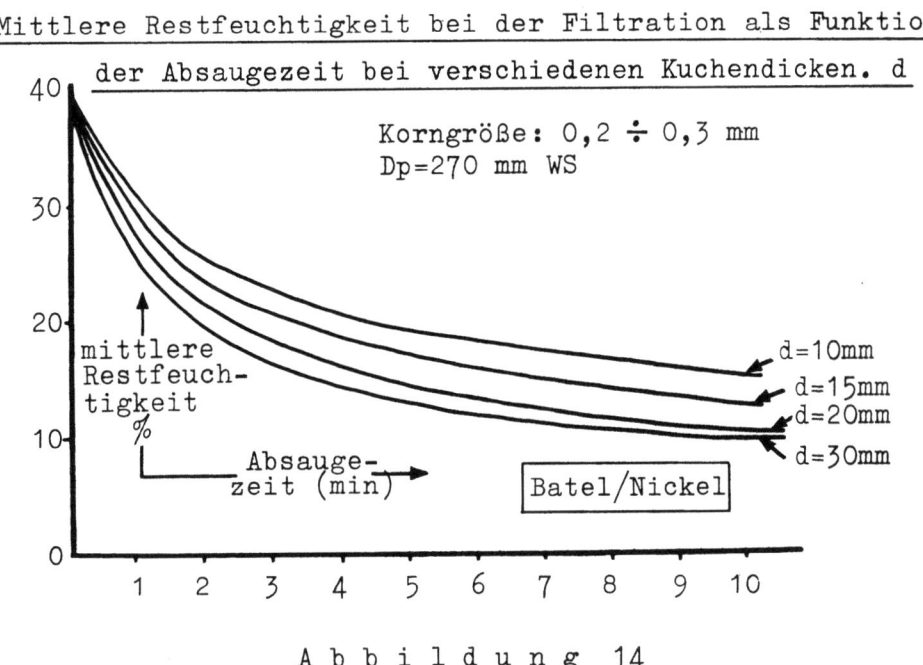

Abbildung 14
Restfeuchte, Kuchendicke und Absaugzeit

4. Filtergleichung, Filterleistung

Neben der erreichbaren Restfeuchtigkeit im abgeschiedenen Kuchen interessiert die Praxis der Filtratdurchsatz und z.B. im Falle der Filterpressen die Füllzeit der Rahmen. Die in der Literatur zu theoretisch abgehandelten Filterformeln etwa von DARCY, KOZENY u.a. setzen die Kenntnis zu vieler Größen voraus. Dabei sind allein die Einflüsse etwa geringer p_H-Verschiebungen von der Größenordnung 5 bis 10.

Man kann aber halbempirisch vorgehen und die Poiseuillesche Gleichung für den Durchfluß durch Kapillaren verallgemeinern, wobei der Einfluß der volumetrischen Konzentration α des Feststoffes (bezogen auf die Klarflüssigkeit) einzuführen ist:

$$Q^m = C \cdot \frac{p^n}{\alpha^s} \cdot t \qquad (Q \ldots m^3/m^2 \text{Filterfläche})$$

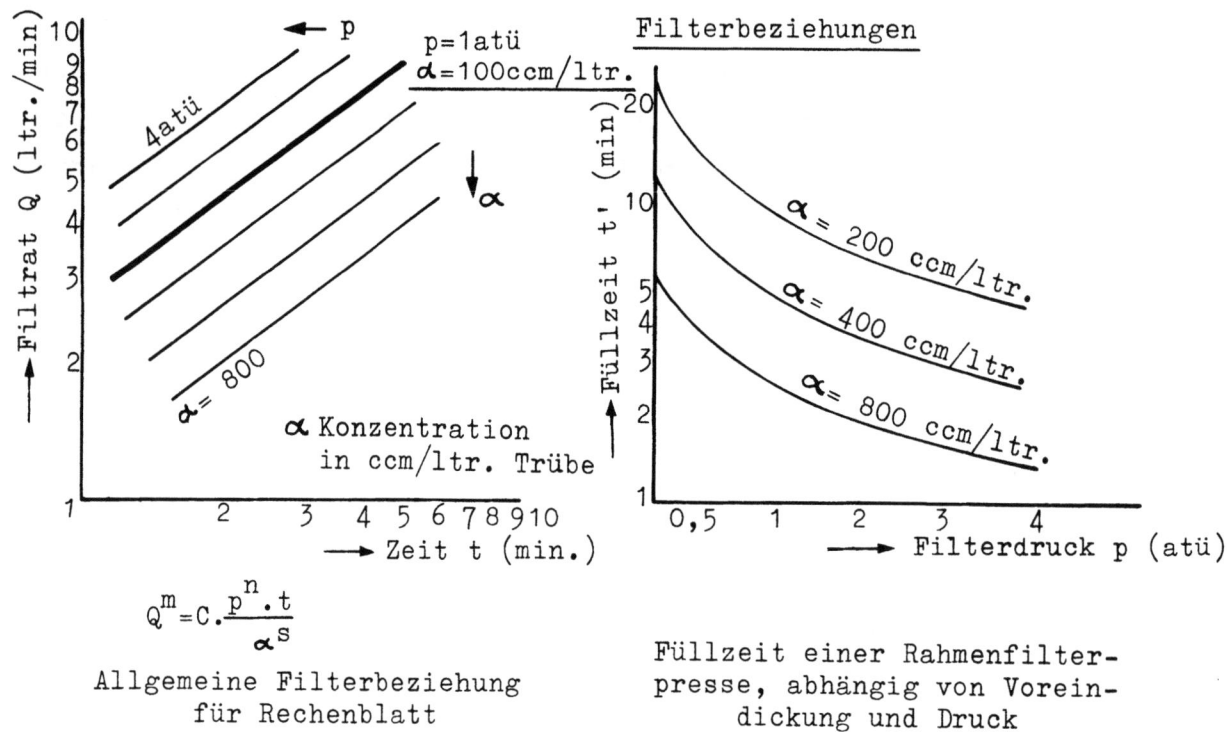

$$Q^m = C \cdot \frac{p^n \cdot t}{\alpha^s}$$

Allgemeine Filterbeziehung für Rechenblatt

Füllzeit einer Rahmenfilterpresse, abhängig von Voreindickung und Druck

Abbildung 15

a) Kennfeld für einen Filterversuch, durchgeführt zunächst mit konstanter Trübekonzentration und einem Druck p, dann jeweils α variiert, anschließend p

b) Füllzeiten einer Filterpresse

Diese Beziehung läßt sich für jede praktisch gestellte Filteraufgabe durch wenige Punkte festlegen, wenn im Versuch der Reihe nach α und Wirkdruck p variiert werden, alles abhängig von der Zeit t, Abbildung 15. Diese Versuchspunkte ergeben demnach in unserer Beziehung in üblichen logarithmischen Koordinatenpapieren parallele Geraden, aus denen alle betriebswichtigen Einflüsse abgegriffen werden können.

Der sehr große, günstige Einfluß der Voreindickung der Trübe (hohes α) auf die Füllzeit einer Rahmenfilterpresse geht ebenfalls aus Abbildung 15b für ein bestimmtes Beispiel hervor. Zudem haben viele unserer Versuche gezeigt, daß eine hohe, etwa mittels Hydrozyklon erzielte Voreindickung die Restfeuchtigkeit um mehrere % herabsetzen kann.

5. Die Siebbodenschwingungen und ihre Auswirkungen (Trockensiebung)

Für den optimalen Betrieb schnellaufender Schwingsiebe sind seit etwa 15 Jahren Kennziffern bekannt, die die Amplitude und die Frequenz verknüpfen.

Forschungsberichte des Wirtschafts- und Verkehrsministeriums Nordrhein-Westfalen

Sie laufen auf die Ermittlung der Beschleunigung am Siebrahmen und die Auswahl besonders wirksamer Beschleunigungen (3,3 g) im Bereich der sog. statistischen Resonanz nach D. BACHMANN hinaus. Eine sehr wesentliche Rolle bei Siebverstopfungen und für den Siebgütegrad spielt aber das überlagerte Eigenschwingungsverhalten der eingespannten Siebböden aus Metallgeweben oder auch Kunststoffgeflechten. Mit Hilfe unserer elektronischen Einrichtungen wurde in mehreren Arbeiten das Eigenschwingungsverhalten der Siebböden untersucht, das bei der komplizierten Struktur dieser Flächen und ihren unscharfen Spannungsbedingungen nicht theoretisch zu behandeln ist. Es geschah dies mit einem magnetischen Aufnehmer, der etwas über der Siebfläche angebracht war. Die Arbeiten haben gezeigt, daß die bisherigen Kennziffern zumindest ergänzungsbedürftig sind, Abbildung 16. Die Messungen und Aufzeichnungen am Oszillographenschirm haben zunächst auch nicht zu einer scharfen Kennzeichnung des Spannungszustandes und einem deutbaren Schwingungsbild geführt. Es gelang nur die Angabe der Schwingungszahl des Siebbodens, abgegriffen in der Mitte des aufgespannten Siebbelages. Das Schwingungsbild des Bodens selbst ist sehr kompliziert und hier nicht weiter zu behandeln. Form und Frequenz der Oberschwingungen von Siebböden wirken sich auf Durchsatz, Leistung und Siebgütegrade (Fehlkorn) aus. Die Siebleistung geht bei konstanten Wurfzahlen symbat der Siebkraft nach den Überlegungen von W. BATEL. Die Unterschiede zwischen Metallsiebböden und von Siebböden aus Perlon-Gewebe waren sehr überraschend, insbesondere bei Feuchtsiebungen. Die Spannung der Perlon-Gewebe ließ während Feuchtsiebungen sehr schnell nach und damit auch der reproduzierbare Siebeffekt. - Im Rahmen der Institutsarbeiten wurde auch für ein GVT-Mitglied ein Großabnahmeversuch in einer modernen Feinkohlensieberei durchgeführt, um Fragen der Praxis für weitere Arbeiten herauszuschälen. - Diese großtechnisch sehr wichtigen und aussichtsreichen Aufgaben werden fortgesetzt.

6. Kennzeichnungen der Feinverteilungen

Eine wesentliche Grundlage für alle geplanten Zerkleinerungsarbeiten war ein Urteil über die Zuverlässigkeit der Kennzeichnung von Feinverteilungen in Haufwerken. Auch die laufenden Filteruntersuchungen ließen kritische Kennzeichnungen dringlich erscheinen. Die erste Arbeit auf diesem Gebiet war ein sehr gründlicher Vergleich der Korngrößenverteilungen auf Grund der Messungen von spezifischen Oberflächen in cm^2/g. Wir haben dafür zunächst

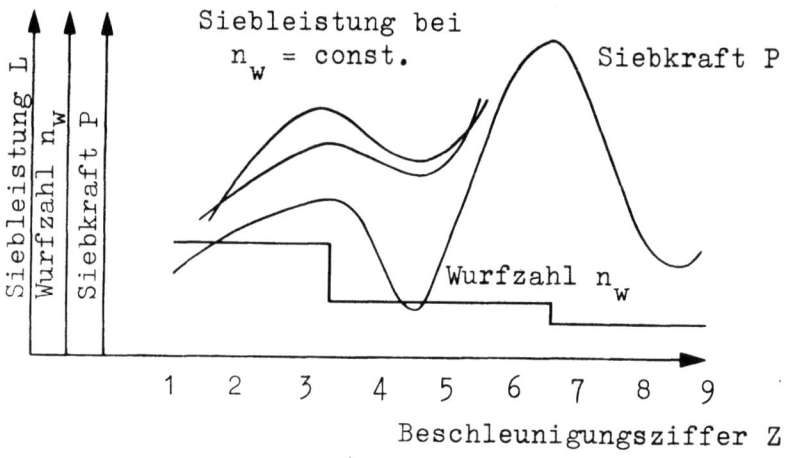

Batel/Brorens

A b b i l d u n g 16
Siebleistung und Siebkraft
Bei einer Siebrahmenbeschleunigung mit dem Scheitelwert gleich der
3,3-fachen Erdbeschleunigung treten zwar Maxima der Siebleistung
und der Siebkraft auf. Höhere Werte scheinen aber doch
zu Leistungssteigerungen zu führen

die Argon-Adsorption herangezogen, weil sie z.Zt. physikalisch noch am besten definiert erscheint. An den gleichen Haufwerken wurden die spezifischen Oberflächen mittels Blainetest und Siebanalyse vergleichsweise bestimmt und auf die Werte nach der Argonmethode bezogen. Es wurde gefunden, daß der Blainetest in einem und demselben Betrieb mit unveränderten Rohmaterialien und gleichem Apparateeinsatz nur brauchbare Betriebskontrollen zuläßt. Es ist aber nicht erlaubt, über den Betrieb hinaus mit Hilfe des Blainetestes gewonnene Oberflächen zu vergleichen, insbesondere nicht in einem breiten Korngrößen-Band. Der Beiwert zu den Blainetest-Oberflächen für den Anschluß an die Oberflächenbestimmung durch die Argon-Methode ändert sich abhängig von der mittleren Korngröße d' zwischen 5 (grobes Korn) und 1,5 (feines Korn). Dagegen erfordert die Oberflächenbestimmung mittels Siebanalyse in demselben Korngrößenbereich einen konstanten Korrekturfaktor gleich 4 für den Anschluß an die Argon-Adsorptionsoberfläche.

Unsere Mitarbeit im Deutschen Normenausschuß am DIN-Blatt 4190 "Körnungs-

Körnungsnetz und Genauigkeit der Siebanalyse.

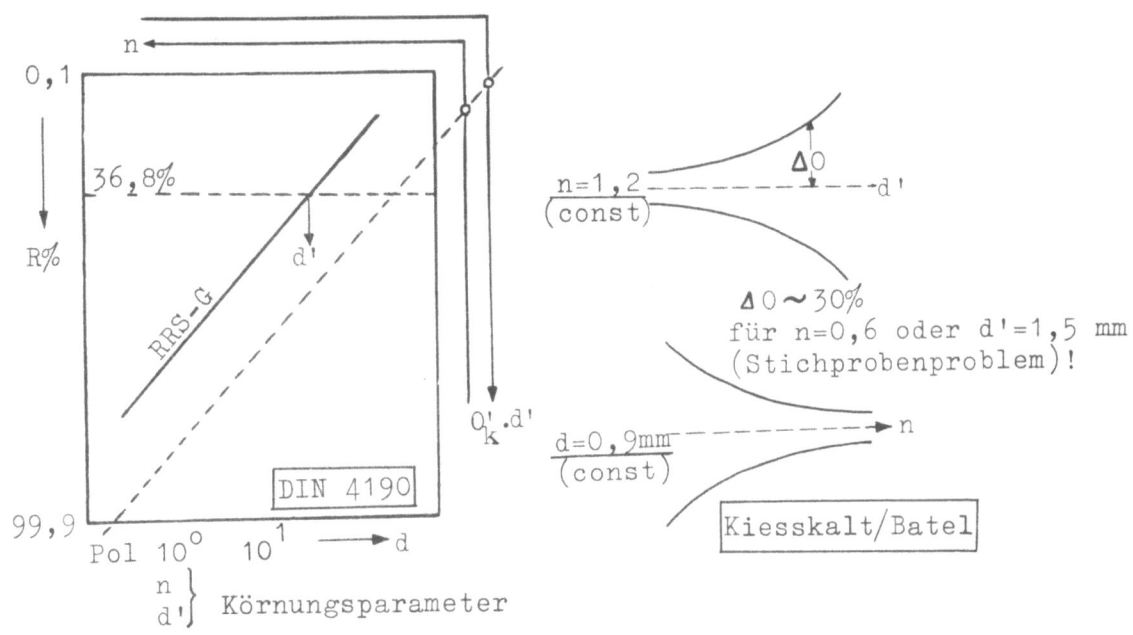

Abbildung 17

a) Körnungsnetz DIN 4190 nach ROSIN-RAMMLER-SPERLING mit der 36,8 %-Bennettlinie zur graphischen Festlegung von Kornverteilungen

b) Streuungen an Proben und Siebanalysen, abhängig von den Körnungsparametern n und d'

netz nach ROSIN-RAMMLER", Abbildung 17, zeigte die Notwendigkeit auf, die Streuungsstatistik der Siebanalysen als weiteres Maß der praktischen Zuverlässigkeit zu untersuchen. Hier spielt gleichzeitig das großtechnische Stichprobenproblem herein. Bei dieser Gelegenheit wurden kleine Studentengruppen von zwei oder drei fortgeschrittenen Studierenden eingesetzt, die an vorgegebenen Kornverteilungen eine komplette Siebanalyse mit graphischer Auswertung durchführten. Die Auswertung von 60 solcher Ergebnisse zeigte, daß die Streuungen dieser Versuche sich statistisch ordnen lassen. Als Streuungsmaß wurden einmal die Abweichungen ΔO der spez. Oberfläche vom Sollwert aufgetragen, Abbildung 17, und als Merkmale einmal der Körnungsparameter n, früher irrig Gleichmäßigkeitszahl genannt, und das andere Mal der andere Parameter, das statistisch gemittelte Korn d. Die maximalen Fehler betrugen in beiden Fällen $\pm$ 30 % und werden größer mit wachsendem d' und auch mit abnehmendem n. Diese Streuungen enthalten auch den sog. Stichprobenfehler.

Forschungsberichte des Wirtschafts- und Verkehrsministeriums Nordrhein-Westfalen

7. Probenahme, Zuteilung

Die Aufgabe, richtige Stichproben aus einem heterodispersen Strom laufend zu entnehmen, hat im Zusammenhang mit einer größeren Arbeit (noch nicht abgeschlossen) über die Luftstrahlmahlung zu einem Probenteilgerät geführt, das in den Gesamtstrom des Gutes einschaltbar ist. Im Probenteiler konnte der abzuziehende, eingeengte Probenanteil und andererseits der Entmischungsquotient gegensinnig vom Korngrößenverhältnis und Wichteverhältnis durch statistische Maßzahlen erfaßt werden. Seine Genauigkeit rangierte damit zunächst bis auf den Zuteilfehler hinter dem labormäßig manuell zu handhabenden Zehntelteiler der Wedag, wenn fünf Proben aufgegeben wurden. Es ergab sich, daß ein Zentrifugiereffekt vorlag, der sich aber auf Grund dieser Erkenntnisse konstruktiv leicht ausschalten ließ. Diese statistisch erfaßbaren Entmischungsfragen spielten eine weitere Rolle bei der Mahlgutaufgabe in die Luftstrahlmahlstrecke. Es zeigte sich, daß die zeitlich völlig konstante Aufgabe von Mahlgut in den raschen Luftstrom (Geschwindigkeiten über 80 m/s) für den Erfolg und die gleichmäßige Arbeit entscheidend ist. Es wurde ein Zuteiler konstruiert (als erstes Meisterstück in der Institutswerkstätte hergestellt und der Handwerkskammer Aachen vorgelegt), der aus einem Zellenrad mit insgesamt 48 Zellen auf vier Kränzen besteht. Die Fehlerstatistik dieses Zuteilers wurde wiederum mit Hilfe der elektronischen Philips-Apparatur experimentell ermittelt; das Prüfverfahren ist wahrscheinlich neuartig. Für den Zuteiler ließ sich rein geometrisch eine theoretische Aufgabekurve in Abhängigkeit vom Drehwinkel konstruieren, und es waren nun die tatsächlichen Abweichungen von dieser Aufgabekurve über den Drehwinkel zu ermitteln. Es geschah dies mit der elektronischen Einrichtung derart, daß die Aufgabe über einen leichten schwingungsfähig aufgehängten Kegel rieselte, dessen Schwingungen dann elektrodynamisch auf den Oszillographen geleitet und aufgenommen wurden. Die so registrierten Schwankungen gegenüber der theoretischen Kurve betrugen nach einigen Änderungen $\pm 2\%$.

8. Zerkleinerungstechnik

In zwei Arbeiten wurden Kaltmahlversuche an Stoffen durchgeführt, die nicht mehr spröde waren, sondern als mehr oder weniger plastisch anzusprechen waren. Es handelte sich um Thermoplaste, die durch die Wärmeentwicklung bei der Feinmahlung leicht dazu neigen, die Mühlen zu verschmieren und zuzusetzen, damit den Zerkleinerungsgrad erheblich zu verschlechtern und den spez. Leistungsverbrauch um ein Vielfaches zu erhöhen. Es wurde auf Grund früherer Überlegungen untersucht, ob für solche großtechnischen Produkte die Einfriertemperaturen (E.T.) auf einfache, rasche Weise dielektrisch (Verlustwinkel) mit einer üblichen Meßbrücke zu ermitteln waren und ob diese Temperaturen mit den Mahleigenschaften in den Stiftmühlen gutseitig in einen Zusammenhang zu bringen sind, Abbildung 18a. Tatsächlich wurde gefunden, daß bis auf 2° C genau die Betriebstemperatur in der Mühle unter dieser Einfriertemperatur bleiben muß. Ihre Kenntnis ist wesentlich, weil sie eine unwirtschaftliche Tiefkühlung vermeiden läßt.

9. Mahlgesetz, Einzelvorgänge

Eine weitverbreitete Mühlentype ist die raschlaufende Stiftmühle für die Feinzerkleinerung. Es ist zu klären, ob in dieser Maschinengattung wesentlich Effekte der Luftstrahlmahlung auftreten. Dazu war zunächst das Verhalten der Stiftmühle zu betrachten, wenn die als Ventilator untersucht wird. Das Kennfeld für Reinluftförderung wurde aufgenommen und gefunden, daß der lüftertechnisch definierte beste Wirkungsgrad dieser Stiftmühlen sehr niedrig, etwa bei 2 % liegt. Die anschließende Arbeit, das Strömungsverhalten modellähnlich bei gleichen Reynolds-Zahlen mit Wasser zu ermitteln und die Einzelströmungen an Stiften und Zwischenräumen im Lichtbild festzuhalten, ist noch nicht abgeschlossen. Ein weiterer Beitrag zu dieser aufgeworfenen Frage dürfte durch Ausschaltung der Prallzerkleinerung in der Stiftmühle zu erhalten sein. Dazu wurden die 4 mm Stifte auf 2 mm abgeändert und die Stahlstifte mit kurzen Gummischläuchen (Ventilschläuche) überzogen. So erhalten sie wieder 4 mm ⌀, allerdings nun eine weiche Oberfläche. Das Ergebnis in Abhängigkeit von der Wirksamkeit der verschiedenen Stiftreihen auf den verschiedenen Durchmessern ist noch nicht abgeschlossen. Es läßt sich aber schon jetzt sagen, daß diese Untersuchung des inneren Verhaltens von Stiftmühlen mit Sicherheit wichtige Ergebnisse für die konstruktive Gestaltung dieser Maschinen bringen wird. -

Die sogenannten physikalischen Zerkleinerungsgesetze, die sich mit der Entbindung der Gitterenergie und der Aufhebung der Kohäsion befassen, sind seit vielen Jahrzehnten umstritten. Im Vordergrund steht immer wieder die Aussage des Rittinger'schen Gesetzes (1867), wonach die Mahlarbeit proportional der neu geschaffenen Oberfläche im Gut sein soll. Da der physikalische Anteil der Zerkleinerungsarbeit unter 0,1 % liegt, erwies es

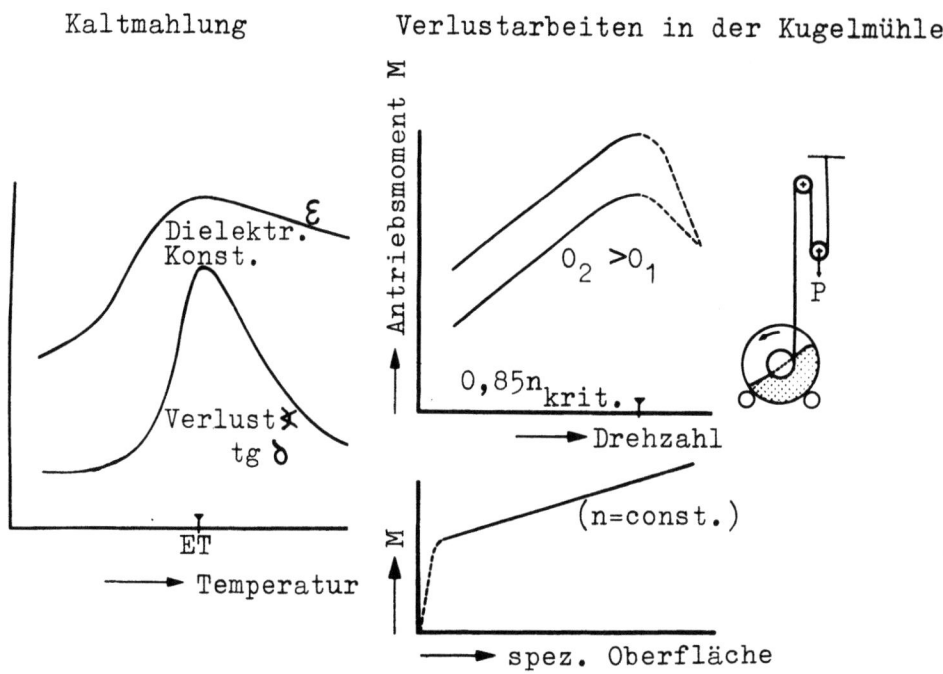

Abbildung 18a und 18b
a) Kaltmahlung

Thermoplastisches Gut erweicht in der Mühle, wenn die Arbeitstemperatur die Erstarrungstemperatur (ET) übersteigt. Diese läßt sich genau und elegant dielektrisch messen, so daß die schwierigen mechanischen Messungen etwa der Dämpfung entfallen

b) Mechanik der Kugelmühle

Rechts Schema des Modells mit Schnurantrieb, zugleich Momentenmessung. Die Antriebsmomente wachsen bis fast zur kritischen Drehzahl linear mit n. Die Momente M sind proportional der spez. Oberfläche des eingefüllten gleichkörnigen Sandes (SiC)

sich als zunächst unmöglich, bei einigen Versuchen das Wärmeäquivalent dieses physikalischen Anteiles der Mahlarbeit zu messen. Es kommt aber unabhängig davon grundsätzlich darauf an, die Verlustarbeiten in den Mühlen aufzuklären und die Einzelbeträge systematisch herabzudrücken. Dazu wurde eine kleine Modellmühle (150 mm ⌀) mit Kugelfüllung gebaut, die durch einen Schnurantrieb in Bewegung gesetzt wurde, Abbildung 18b. Dieser Schnurantrieb gestattete nicht nur eine sehr konstante Regelung der Drehzahlen sondern auch eine sehr genaue Messung der zugehörigen Drehmomente. Um unabhängig vom Einfluß der Zerkleinerung zu sein, wurden in die

Kugelmühle verschiedene, praktisch jeweils gleichkörnige Fraktionen von Siliziumcarbild (Sinterkorund) eingefüllt und für jede Korngröße bei verschiedenen Drehzahlen die Drehmomente ermittelt. Die Versuche dauerten jeweils rd. 60 sec, waren also zweifellos von nennenswerten Anteilen an Zerkleinerungsarbeit freigemacht worden. Dieser Kunstgriff gestattet es, die Hubarbeit an der Kugelfüllung in Abhängigkeit von der spezifischen Oberfläche der jeweils eingefüllten Korngrößen zu bestimmen und daraus Schlußfolgerungen über die Abhängigkeiten der Drehmomente und nach Hinzunahme der Drehzahlen die Arbeitsaufnahmen zu bestimmen. Auf diese Weise konnte festgelegt werden, daß vor Erreichung einer Grenze des Mahlfortschrittes in der Feinzerkleinerung die Verlustarbeiten in diesen Kugelmühlen quadratisch mit der neu geschaffenen Oberfläche zunehmen. Es ist durch eine weitere Versuchsreihe zu klären, auf welchen formalen Ähnlichkeiten die Aussagen über großtechnische Mühlen etwa in der Zementmüllerei beruhen, wonach die Leistungsaufnahme proportional der Oberfläche im Sinne des Rittinger'schen Gesetzes sei. Sollten diese Beobachtungen der Praxis bei einer korrekten Nachmessung in wohl definierten Modellen zahlenmäßig zutreffen, so liegt doch nur eine formale Ähnlichkeit, jedenfalls aber nicht eine Aussage über die Gültigkeit des Rittinger'schen Gesetzes vor. Dieses beeinflußt einen so kleinen Teil der praktischen Mahlarbeit, daß er aus den Betrachtungen des Verfahrensingenieurs ausscheiden muß. Es ist zu erwarten, daß die im Anschluß begonnenen Arbeiten nicht nur für die Leistungsberechnung, sondern auch für die Dimensionierung, Bau und Betriebsweise bedeutsam werden.

10. Kneten, Walzen

Die technischen Aussagen gerade auf diesem, im Zeitalter der Kunststoffe wichtigem Arbeitsgebiet sind kaum über die Empirie der Gestaltung und die Anpassung an die einfachsten Betriebsbedingungen hinausgekommen. Es liegt dies daran, daß die rheologischen Kennzeichnungen der Plastizität "schwerer" Massen noch in den Anfängen stecken. Die schwierige Entwicklung der Rheologie als Lehre von dem nicht normalen, sog. Nicht-Newtonschen Fließen läßt auch baldige Ergebnisse nicht erwarten. Ausgehend von den in Abbildung 12 dargestellten Ergebnissen an einem Doppeltrogkneter werden im Institut breite Versuche durchgeführt, die hier weiterführen sollen, auch wenn exakte rheologische Unterlagen noch nicht verfügbar sind. Am Trogkneter (Ergebnisse Abb. 12) erwies es sich bereits als schwierig, die

Leistungsaufnahme exakt zu messen. Die üblichen Trogkneter mit S-förmigen und gegenläufigen Armen ergeben einen Pumpeffekt, der die Leistungsaufnahme periodisch stark schwanken läßt. Mit Hilfe eines Lichtpunktschreibers und nach einer systematischen Auswahl von im rheologischen Sinn reproduzierbaren Massen konnten die Meßmethode und die Einflußgrößen wenigstens dem Kurvenverlauf nach geklärt werden. An diesen Ergebnissen wird z.Zt. eine Arbeit angeschlossen, in der ähnliche Massen zwischen einer Walze und einer angestellten Platte bearbeitet werden. Im Anschluß daran wird der technische Schritt zum Meßwalzwerk mit zwei zusammenlaufenden Walzen durchgeführt werden. Diese Versuche beinhalten die Schubmessung und die Messungen des Ballendruckes sowie der Druckverteilungen in den Massen in Abhängigkeit von geometrischen und betrieblichen Daten.

11. Zentrifugieren

Die Beziehungen über die Restfeuchtigkeit im Filterkuchen haben ergeben, daß die Beschleunigungsziffer z sich nur mit der 4. Wurzel auf die Restfeuchtigkeit auswirkt. Die kapillare Steighöhe h_s ist wohl umgekehrt proportional z, aber in Zentrifugen meist viel kleiner als die Schichtdicke; sie wirkt sich also nur in einem dünnen Film auf der Trommelinnenseite aus. Das übliche Modellgesetz für Zentrifugen, das die Abscheidevorgänge mit $\sqrt{z}$ umwertet, bedarf also unzweifelhaft einer grundsätzlichen Nachprüfung. Die ersten Versuche haben gezeigt, daß in Zentrifugen mit Kuchenbildung die Schicht nahe der Trommel aus den erwähnten Gründen eine höhere Feuchtigkeit hat, als der Mittelwert des ganzen Kuchens. Enthält die Beschickung auch sehr feines Korn (Schlamm) in der aufgegebenen Trübe, so steigt auch in der inneren Schicht die Feuchtigkeit nochmals um einige Prozent an. Die feinsten Teilchen setzen sich eben zuletzt ab und halten verhältnismäßig viel Flüssigkeit fest, vgl. S. 43 und Abbildung 13. Auch diese Effekte können zu apparativen Schlußfolgerungen führen.

In allen während der Beschickung durchlaufenden Zentrifugen und damit auch bei allen stetig arbeitenden Schleudern ist die Frage interessant, wie die aufgegebene Trübe auf die Umfangsgeschwindigkeit der Trommel beschleunigt wird. Mit Hilfe des mit der Zentrifuge synchronisierten Lichtblitzstroboskops und einem Farbstoffindikator wurde festgestellt, daß ein dünner, über eine rasch rotierende horizontale Scheibe rieselnder Film unter Wirkung der Fliehkraft ungefähr nach einer logarithmischen Spirale beschleunigt wird. Trotzdem der Flüssigkeitsfilm am Scheibenrand nur 50 μ

stark war, trat bei einer Reynolds schen Zahl zwischen 250 und 300 ein Umschlagen in Turbulenz auf. Der Effekt ist auch wichtig für die Berechnung der Aufgabescheiben und -Konen, beispielsweise der Molekulardestillation, ferner für Vorgänge des Wärme- und Stoffaustausches allgemein. Die Ausdehnung der Beobachtung auf stärkere, nicht oder nur wenig geführte Ballastströmungen ist vorbereitet. Ein Teil der Ergebnisse, die in Abbildung 13 zusammengefaßt sind, wurde auf der Instituts-Zentrifuge erarbeitet.

12. Wärmetechnische Untersuchungen

Feinkörnige Pulver besitzen bei genügender Kleinheit des Einzelkornes ein sehr geringes Wärmeleitvermögen, das sich nach SMOLUCHOWSKI beim Evakuieren noch um ein Mehrfaches senken läßt. Wie eingehende Untersuchungen der Grundvorgänge zeigten, lassen sich mit bestimmten Pulvern schon bei mäßigem Vakuum von 2 Torr abs. 7- bis 10-mal bessere Isolierwirkungen als mit den besten der bekannten Wärmeschutzstoffe erzielen. Sie erreichen damit die gleiche Dämmwirkung der Normalthermosflasche. Bei diesen Dewar-Gefäßen ist aber einmal ein wesentlich höheres Endvakuum (10^{-3} bis 10^{-5} Torr) außerdem ein hochwertiger Strahlungsschutz durch Verspiegeln der den evakuierten Hohlraum begrenzenden Oberflächen erforderlich. Fernerhin ist ihre Herstellung nur für kleinere und nur kugelige oder zylindrische Einheiten möglich. Die Pulverisolation erlaubt es hingegen, beliebig große, auch ungünstig geformte und unzerbrechliche Behälter zu fertigen. Bei ihrer Anwendung genügen verhältnismäßig kleine Schichtdicken, was sich bei Gefäßen, deren äußere Abmessungen gegeben sind, auf die Größe des Nutzraumes günstig auswirkt.

Die Untersuchungen des Instituts befaßten sich weiterhin damit, technisch günstige Verfahren zur Herstellung der Isolierschicht aus evakuierten Pulver um beliebig geformte Körper zu finden. Nach einem dieser Verfahren wurde die in Abbildung 19 erwähnte Metallthermosflasche hergestellt. Abbildung 19 zeigt die Abkühlungskurven vergleichsweise von verschiedenen Thermosflaschen über der Zeit. Das Metallgefäß mit eingefüllten, feinkörnigen Pulvern hat eine Abkühlkurve, die nicht nennenswert schlechter ist als die einer doppelwandigen Haushaltthermosflasche aus Glas.

Für diese prinzipiell auch im Rahmen der Grundlagenforschung interessante Arbeit wurden die auf S. 31/34 geschilderten Feinmeßeinrichtungen der wärmephysikalischen Abteilung des Instituts benutzt.

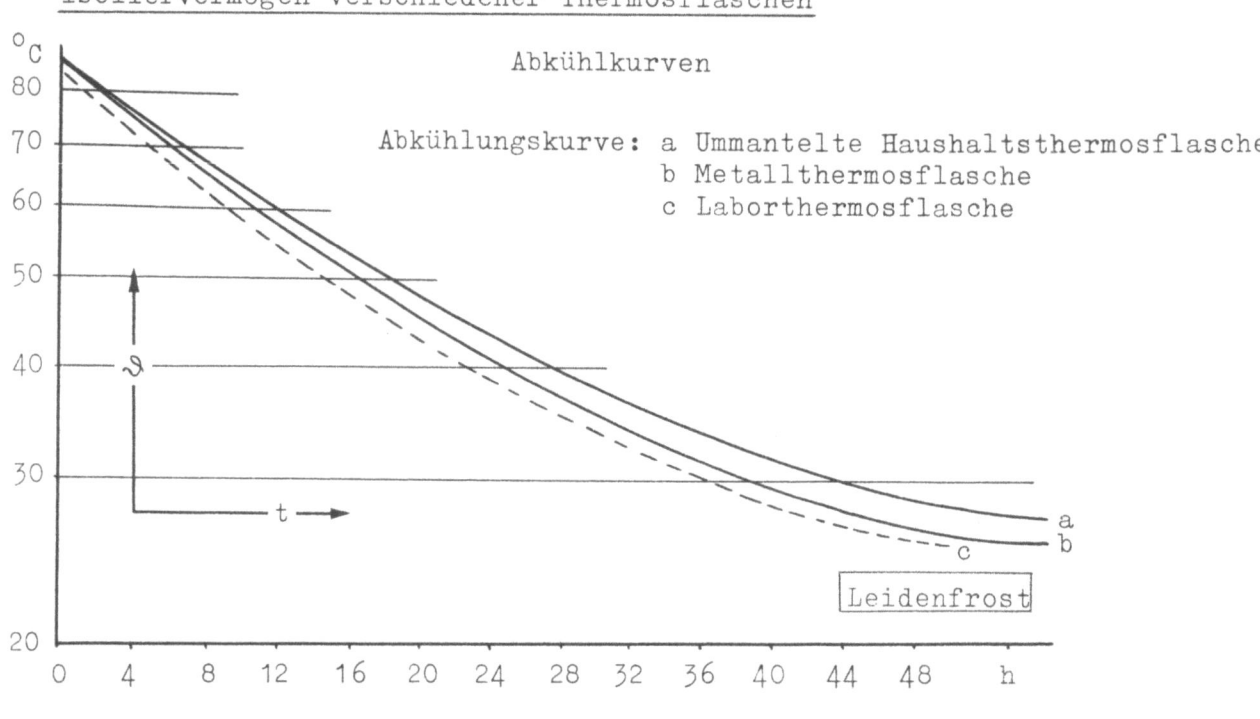

Abbildung 19

Abkühlkurven von Thermosflaschen a) Haushaltflasche aus Glas (Dewargefäß) b) Metall-Doppelwand mit Feinkornfüllung

Als Vertragsforschung wurde für ein GVT-Mitglied ein Sambay-Dünnschichtverdampfer mit umlaufenden, über die wärmeübertragende Fläche streichenden Wischern untersucht, Abbildung 20. Es ergab sich, daß die Wärmedurchgangszahl mit wachsender mittlerer Temperaturdifferenz zwischen Heizdampf und Verdampferraum stark sinkt, und zwar auch noch dann, wenn die Rührwelle mit den nachgiebig anmontierten Wischern in Gang gesetzt wird. Offensichtlich werden die bei stärkerer Belastung entstehenden, eng benachbarten Dampfbläschen zunächst durch den Eingriff der angepreßten Wischer breit gezogen und bilden in der herabfließenden dünnen Schicht einen isolierenden Dampffilm, der erst bei etwas höheren Drehzahlen ab n = 200 wieder aufgerissen wird. Dann können die Bläschen frei austreten, und es wird sogleich eine konstante Wärmedurchgangszahl erreicht. Diese für die weitere Entwicklung wichtigen Effekte sollen noch im einzelnen aufgeklärt und auch längs der Filmdicke meßtechnisch erfaßt werden.

Versuchsstrecken für die Aufklärung der Beziehungen zwischen Wärme- und Stoffaustausch bei hohen Partialdruckgefällen und ferner an intensiv strömenden dünnen Schichten sind vorbereitet. Die letztere Fragestellung

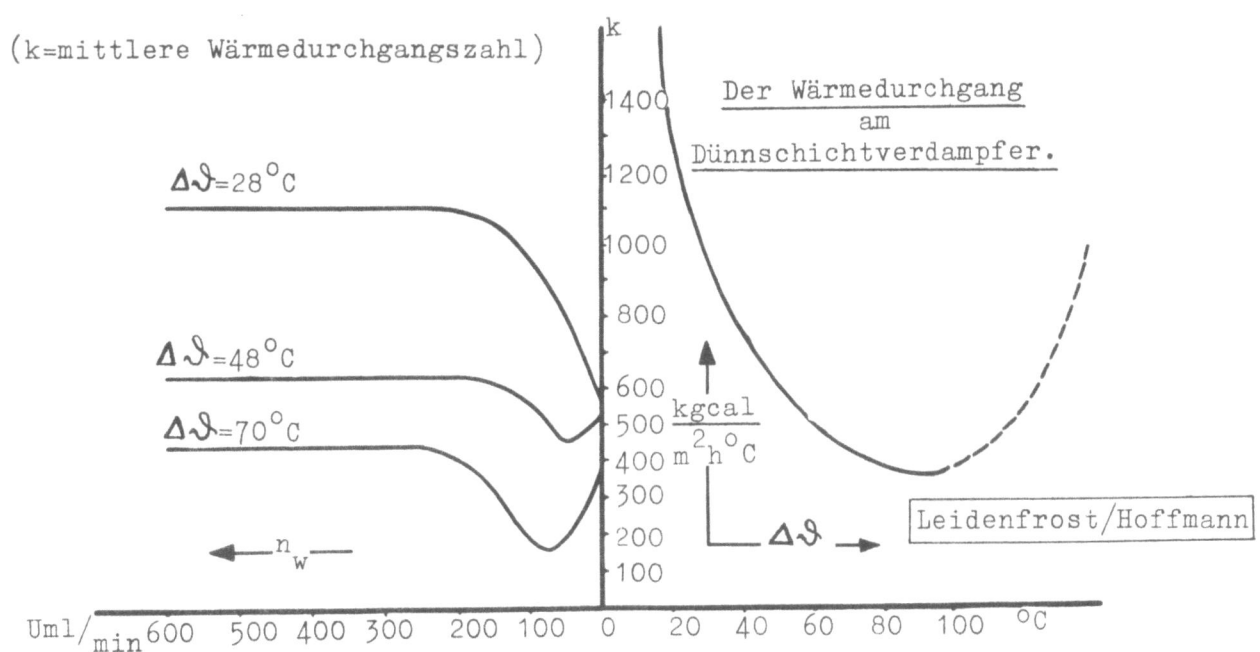

Abbildung 20

Dünnschichtverdampfer mit umlaufenden Wischern; erforderliche Minimaldrehzahl n~200. Besonders wirksam bei nicht zu hohen Temperaturgefällen ϑ

knüpft an eine Beobachtung, S. 55, an, die auf dem Zentrifugengebiet in einer ersten Versuchsreihe gemacht wurde.

13. Technische Reaktionsführung

Die technische Reaktionsführung, also die Variation von Betriebsbedingungen in geometrisch definierten Reaktionsgefäßen, wurde in mehreren Untersuchungen bearbeitet[5]. Sie befaßten sich mit den verschiedenen, mit der Durchströmung von Schüttgütern verknüpften Transportvorgängen, nämlich dem Wärmeübergang, dem Stoffaustausch sowie Mischungsvorgängen. Die Schüttgüter waren teilweise in Rohren ruhend angeordnet, teilweise wurden sie durch hindurchströmendes Gas zu sogenannten Wirbelschichten aufgelockert oder als feinverteilter Flugstaub hindurchgeblasen. Die Arbeiten lieferten Ergebnisse von technischer Bedeutung.

Die Ermittlung der Koeffizienten für den Wärme- und Stoffübergang ist deshalb schwierig, weil es nicht möglich ist, den mittleren Zustand der

---

5. Diese Arbeiten wurden von Herrn Priv. Doz. Dr. W. BRÖTZ, damals wissenschaftlicher Mitarbeiter des Instituts, geleitet

Feststoffteilchen in einer Querschnittsebene des Reaktionsrohres, also die mittlere Temperatur und die mittlere Stoffbeladung, direkt zu messen, ohne diese Zustände durch den Meßvorgang erheblich zu stören. Es wurde deshalb die Methode angewandt, die Strömungsrichtung periodisch zu wechseln, entsprechend der Arbeitsweise in Regeneratoren. Der zeitlich veränderliche Zustand des Feststoffes läßt sich nämlich dann aus dem leicht meßbaren Zustand des strömenden Mediums bestimmen. Auf diese Weise wurden der Wärmeübergang auf eine gasdurchströmte Stahlkugelpackung sowie der Stoffübergang in einer Ionenaustauschsäule untersucht und die Abhängigkeit der Übergangskoeffizienten von der Strömungsgeschwindigkeit und der Teilchengröße ermittelt. Es bilden sich danach offenbar zwischen den Schüttkörpern Strömungstoträume, die sowohl den Wärme- als auch den Stoffübergang stark herabsetzen. Die quantitativen Zusammenhänge müssen jedoch noch weiter geklärt werden, insbesondere im Hinblick auf die in Wandnähe auftretenden Abweichungen.

Neben dem erwähnten Wärmeübergang zwischen strömendem Medium und Schüttgutteilchen hat auch der Wärmeübergang zwischen strömendem Medium und der Rohrwand um das Schüttgutbett große technische Bedeutung. Für die Aufklärung der Zusammenhänge ist hierbei die Frage wesentlich, wie sich der Übergangswiderstand aufteilt in den unmittelbaren Übergangswiderstand von der Wand auf die Schüttgutpackung und den nachgeschalteten Wärmeleitvorgang durch die Packung. Das Zusammenwirken dieser beiden Teilvorgänge führt in der Strömung zur Ausbildung eines Temperaturprofils sowohl in radialer als auch in axialer Richtung. Kennt man das Temperaturprofil und nimmt man zunächst an, daß die Strömungsgeschwindigkeit über den ganzen Rohrquerschnitt konstant ist, so wäre eine Lösung der Wärmeleitungsgleichung möglich. Nach dieser Methode ist die Fragestellung schon mehrmals untersucht worden, auch neuerdings wieder in einer amerikanischen Veröffentlichung. Nun ist aber zu vermuten, daß infolge der erhöhten Strömungsgeschwindigkeit in Wandnähe im Verein mit der prinzipiellen Schwierigkeit der Ausmessung eines Temperaturprofils in einer unregelmäßigen Schüttung die bisher ermittelten Zahlen noch sehr unzuverlässig sind. Wir haben uns deshalb zur Aufgabe gestellt, den Vorgang unter besser definierten Verhältnissen zu beobachten, indem wir das Schüttgut in den ringförmigen Zwischenraum zweier koaxialer Röhren füllen und den Wärmestrom in radialer Richtung messen; dabei wird der Strömung in einer Vorlaufstrecke das stationäre Temperaturprofil aufgezwungen, so daß in der Meßstrecke nur ein radiales Temperaturgefälle herrscht. In einem Vorversuch nach dieser Methode ergab sich, daß in einer Sandschüttung der Wärmeübergangswiderstand an der Wand praktisch vernachlässigt werden kann gegenüber dem Wärmeleitwiderstand der Schüttung. Es ist jedoch möglich, daß sich diese Verhältnisse bei höheren Strömungsgeschwindigkeiten und größeren Teilchen infolge der einsetzenden Flechtströmung ändern. Dies soll noch in einer größeren Apparatur mit Luft sowie mit Wasser als strömenden Medien untersucht werden.

Die technische Anwendung von Flugstaubströmungen bei chemischen Reaktionen und neuerdings auch bei Atom- oder Kernreaktoren macht es erforderlich, auch hier den Wärmeübergang an die Rohrwand zu untersuchen. Es wurde hierzu eine Apparatur gebaut, bei der eine Luftströmung von mehreren m/sec Geschwindigkeit kontinuierlich mit Sand beladen wird und durch eine mit Dampf beheizte Meßstrecke tritt. Das Temperaturprofil in der Meßröhre wird durch verschiebbare Thermoelemente abgetastet und ermöglicht die Berechnung der Wärmeübergangszahl. Variiert werden Strömungsgeschwindigkeit, Beladungsmenge und Teilchengröße. In diesem Fall liegt wegen der hohen Turbulenz in der Strömung der wesentliche Wärmewiderstand in der Nähe der Wand. Die Untersuchung ist noch nicht abgeschlossen.

Eine wichtige Frage bei allen Strömungsrohren als wichtigem Bauelement der technischen Reaktionsführung ist die unregelmäßige Strömung durch das Hohlraumsystem eines Haufwerkes, etwa eines körnigen Reaktionspartners oder eines Katalysators. Sie hat zur Folge, daß die Aufenthaltsdauer der Gas- oder Flüssigkeitselemente im Reaktionsraum, die sogenannte Verweilzeit, nicht einen bestimmten, definierten Wert hat, sondern sich über ein mehr oder weniger breites Spektrum verteilt. Dieses Verweilzeitspektrum ist bei allen Verfahren mit kontinuierlicher Strömung von großem praktischem Interesse, insbesondere beim Ablauf chemischer Reaktionen. Zur Untersuchung dieser Vorgänge in einer Füllkörpersäule wurde die Verdrängungsmethode angewandt. Die senkrecht angeordnete Säule wird mit einer verdünnten Salzlösung angefüllt und dann mit reinem Wasser überschichtet. Läßt man nun die abwärts gerichtete Strömung anlaufen, so wird die anfangs scharfe Trennungsebene der beiden Flüssigkeiten allmählich zu einer ständig breiter werdenden Übergangszone auseinandergezogen. Mit Hilfe einer elektrolytischen Leitfähigkeitszelle am unteren Auslaufende der Säule kann die auslaufende Flüssigkeitskonzentration gemessen und zeitlich registriert werden. Zwischen dem zeitlichen Konzentrationsprofil einer derartigen Verdrängungsmessung und dem Verweilzeitspektrum besteht ein einfacher mathematischer Zusammenhang. Auf diese Weise wurde das Verweilzeitspektrum bestimmt in Abhängigkeit von der Strömungsgeschwindigkeit und der Füllkörpergröße. Es ergab sich, daß das Verweilzeitspektrum umso breiter ist, je schneller die Flüssigkeit strömt und je größer die Füllkörper sind. Dieses Ergebnis war bisher nur qualitativ bekannt, so daß unsere Messungen eine notwendige Ergänzung zu den bereits von anderer Seite theoretisch und experimentell untersuchten Verweilzeitverhältnissen bei laminar und turbulent durchströmten Rohren sowie bei Systemen von hintereinandergeschalteten Rührgefäßen sind. Es sind noch weitere Untersuchungen geplant, um die komplexen Zusammenhänge des Mischvorganges in Füllkörpersäulen zu klären, insbesondere die Wirkung des Wandeinflusses und des Diffusionskoeffizienten in der Flüssigkeit.

Falls das Schüttgut nicht ruht, sondern zu einer Wirbelschicht aufgelockert wird, so wird nicht nur das strömende Medium durchmischt, sondern auch das Festgut. In der Wirbelschicht wird häufig eine möglichst starke Durchmischung des körnigen Materials angestrebt, in anderen Fällen jedoch, z.B. bei langsam einen Reaktionsraum durchlaufenden Wirbelschichten, muß eine Mischung in Strömungsrichtung möglichst klein gehalten werden. Wir haben deshalb eine Untersuchung zur quantitativen Erfassung der Längs- und Quermischung in einer luftdurchströmten Wirbelschicht begonnen. Die experimentelle Schwierigkeit liegt darin, daß die beiden zu mischenden Materialien in Körngröße, Kornform und mittlerer Dichte exakt übereinstimmen müssen, weil sich sonst infolge unterschiedlicher Aufwirbelung störende Nebeneffekte ergeben. Die genannten Bedingungen lassen sich durch den glücklichen Kunstgriff erfüllen, als Mischungspartner ungefärbten Sand zu verwenden, daneben gleichartigen Sand, der eine dünne Farbstoffschicht erhalten hat. Das Mischungsverhältnis in einer Probe läßt sich dann dadurch bestimmen, daß man den Farbstoff in Wasser löst und kolorimetrisch mißt. Variiert werden Korngröße, Luftgeschwindigkeit, Betthöhe sowie die Art des Anströmbodens. Es ist schwierig, die Mischvorgänge in der so unregelmäßigen Wirbelschicht quantitativ zu erfassen; wir glauben jedoch, daß die noch im Gang befindliche Untersuchung die Abhängigkeit des Mischungskoeffizienten von den wesentlichen Parametern ergeben und mathematisch-statistisch kennzeichnen lassen wird.

Weitere Pläne auf etwas längere Sicht sind:

1. Abrundung der Kenntnisse über die Filterkuchen-Physik und Vorschläge für eine Vereinheitlichung der Meßgeräte und Auswertungsverfahren für praktische Filterversuche im Anschluß an die schon erarbeitete Filterbeziehung (S. 43).

2. Modellgesetze für Trommelzentrifugen.

3. Grundlagen über die Luftstrahlmahlung sowohl in strömungstechnischer wie zerkleinerungs-physikalischer Hinsicht, um Unterlagen für die Hauptabmessungen und die Betriebsdaten zu gewinnen und Vergleichsmaßstäbe für die auf dem Markt befindlichen Modelle zu erhalten.

4. Anwendung des Hydrozyklons für Sonderfragen der Emulsionstechnik.

5. Kneten und Walzen plastischer Massen, Aufklärung der Grundvorgänge in den Walzspalten und zunächst Herstellung empirischer Verbindungen zur praktischen Rheologie hochplastischer Massen.

6. Extraktionsverfahren und Apparate an Systemen flüssig-flüssig.

7. Vorgänge in der Wirbelschicht und in Flugstaubwolken.

Professor Dr.-Ing. Siegfried KIESSKALT, Aachen

Forschungsberichte des Wirtschafts- und Verkehrsministeriums Nordrhein-Westfalen

Anlage 1

Forschungsinstitut
Verfahrenstechnik

Aachen, Dezember 1955

Wissenschaftliche Veröffentlichungen aus dem Institut.
1952 - 1955
(nach Arbeitsgebieten geordnet)

I. Zerkleinerung, plastische Bearbeitung, Sieben

KIESSKALT S.
: Neue Erkenntnisse über Kornverteilungsnetze und Oberflächentafeln; Z. VDI 94 (1952) S. 1137/40

: Kann für hochzähe Kautschuk-Mischungen das Walzwerk durch kontinuierliche Knetpumpen ersetzt werden? Kautschuk u. Gummi 6 (1953) S. 158/61

: Bewertungsfragen der Feinzerkleinerung; Chem. Ing. Techn. 26 (1954) S. 14/18

BATEL W.
: Vergleiche zwischen der Gaußschen Normalverteilung und der Verteilungsfunktion nach Rosin, Rammler und Sperling; Chem. Ing. Techn. 26 (1954) S. 72/74

: Verhalten körniger Stoffe auf Wurfsieben; Inst. f. wissensch. Film Göttingen 1954; zum wissensch. Film C684/1954

: Neue Erkenntnisse über Siebvorgänge und feuchte Haufwerke; Z. VDI 97 (1955) S. 393/400 u. 417/424; Auszug Diss. Aachen;

: The Behaviour of Granular Materials During Sieving; Refractories Journ. Aug. 1955, S. 468/473.

: Fortschritte in der Zerkleinerungstechnik; Umschau 1955 H. 10, S. 297/300

KIESSKALT S.
: Zum deutschen Normblatt für die graphische Erfassung von Kornverteilungen; Intern. Kongr. f. Erzaufbereitung, Goslar 1955. (Erzmetall VIII, 1955, B 63/66)

: Neue Ergebnisse der Feinzerkleinerung; VDI-Z. 97 (1955) S. 1009/1011

II. Mechanische Flüssigkeitsabtrennung

KIESSKALT S. Moderne Verfahren der mechanischen Flüssigkeitsabtrennung; Chem. Ind. H. 7 (1953) S. 510/512

Mechanische Flüssigkeitsabtrennung; Abschn. 12 Fortschr. d. Verf. Techn. 1952/53, S. 147/154 (Verl. Chemie 1954)

BATEL W. Vorgänge bei der mechanischen Entwässerung; Chem. Ing. Techn. 26 (1954) S. 497/502

Vorausberechnung der Restfeuchtigkeit bei der mechanischen Flüssigkeitsabtrennung; Chem. Ing. Techn. 27 (1955) S. 497/501

III. Technische Reaktionsführung

BRÖTZ W. Über die Vorausberechnung der Absorptionsgeschwindigkeit von Gasen in strömenden Flüssigkeitsschichten; Chem. Ing. Techn. 26 (1954) S. 470/478

Ähnlichkeitslehre und Modellgesetze; Gaswärme 1954 H. 7 S. 235/239

Wirbelschichtverfahren; Abschn. 5 Fortschr. d. Verf. Techn. 1952/53 S. 67/74 (Verl. Chemie 1954)

IV. Verschiedene Arbeitsgebiete

KIESSKALT S. Adsorptionsverfahren unter Druck und Kälte in Kaltgasmaschinenschaltung; Allg. Wärmetechn. 3 (1952) S. 174/76

Nichtmetallische Werkstoffe; Beitr. Hdb. d. Kältetechn. v. R. Plank, Berlin 1955

Die Verfahrenstechnik in Deutschland; Chem. Ind. IV (1952) H. 10, S. 737/742

Der VDI-Fachausschuß Verfahrenstechnik; VDI-Nachr. 1953 Nr. 19

Einzelne Mitt. über das Instit.-Geb. Dechema-Jahrbuch 1953/55; Chem. Ing. Techn. 25 (1953) S. 469/470; Aachener Hochschuljahrb. 1954

Gedanken zum Chemical Engineering Congress 1955; Aachener Hochschuljahrb. 1955

V. Wärmeforschung

LEIDENFROST W.   Über die Wärmedämmwirkung feinkörniger Pulver in verdünnten Gasen; VDI-Z. 97 (1955) S. 1235/42

Wärmeleitzahl-Messungen an Wasser, Äthylenglykol-Wasser-Mischungen und Kalziumchlorid-Lösungen im Temperaturbereich von 0 bis 100 °C; Forsch. Ing. Wes. 21 (1955) 176/180 (gem.m.E. Schmidt)

Messung der spezifischen Wärme; ATM V 9212-1 (1955)

Messung der wahren spezifischen Wärme fester Körper; ATM V 9212-2 (1955)

FORSCHUNGSBERICHTE
DES WIRTSCHAFTS- UND VERKEHRSMINISTERIUMS
NORDRHEIN-WESTFALEN

Herausgegeben von Staatssekretär Prof. Leo Brandt

HEFT 1
Prof. Dr.-Ing. E. Flegler, Aachen
Untersuchungen oxydischer Ferromagnet-Werkstoffe
1952, 20 Seiten, DM 6,75

HEFT 2
Prof. Dr. W. Fuchs, Aachen
Untersuchungen über absatzfreie Teeröle
1952, 32 Seiten, 5 Abb., 6 Tabellen, DM 10,—

HEFT 3
Techn.-Wissenschaftl. Büro für die Bastfaserindustrie, Bielefeld
Untersuchungsarbeiten zur Verbesserung des Leinenwebstuhls
1952, 44 Seiten, 7 Abb., 3 Tabellen, DM 12,50

HEFT 4
Prof. Dr. E. A. Müller und Dipl.-Ing. H. Spitzer, Dortmund
Untersuchungen über die Hitzebelastung in Hüttenbetrieben
1952, 28 Seiten, 5 Abb., 1 Tabelle, DM 9,—

HEFT 5
Dipl.-Ing. W. Fister, Aachen
Prüfstand der Turbinenuntersuchungen
1952, 40 Seiten, 30 Abb., 3 Schaltbilder, DM 1,—

HEFT 6
Prof. Dr. W. Fuchs, Aachen
Untersuchungen über die Zusammensetzung und Verwendbarkeit von Schwelteerfraktionen
1952, 36 Seiten, DM 10,50

HEFT 7
Prof. Dr. W. Fuchs, Aachen
Untersuchungen über emsländisches Petrolatum
1952, 36 Seiten, 1 Abb., 17 Tabellen, DM 10,50

HEFT 8
M. E. Meffert und H. Stratmann, Essen
Algen-Großkulturen im Sommer 1951
1953, 52 Seiten, 4 Abb., 20 Tabellen, DM 9,75

HEFT 9
Techn.-Wissenschaftl. Büro für die Bastfaserindustrie, Bielefeld
Untersuchungen über die zweckmäßige Wicklungsart von Leinengarnkreuzspulen unter Berücksichtigung der Anwendung hoher Geschwindigkeiten des Garnes
Vorversuche für Zetteln und Schären von Leinengarnen auf Hochleistungsmaschinen
1952, 48 Seiten, 7 Abb., 7 Tabellen, DM 9,25

HEFT 10
Prof. Dr. W. Vogel, Köln
„Das Streifenpaar" als neues System zur mechanischen Vergrößerung kleiner Verschiebungen und seine technischen Anwendungsmöglichkeiten
1953, 20 Seiten, 6 Abb., DM 4,50

HEFT 11
Laboratorium für Werkzeugmaschinen und Betriebslehre, Technische Hochschule Aachen
1. Untersuchungen über Metallbearbeitung im Fräsvorgang mit Hartmetallwerkzeugen und negativem Spanwinkel
2. Weiterentwicklung des Schleifverfahrens für die Herstellung von Präzisionswerkstücken unter Vermeidung hoher Temperaturen
3. Untersuchung von Oberflächenveredlungsverfahren zur Steigerung der Belastbarkeit hochbeanspruchter Bauteile
1953, 80 Seiten, 61 Abb., DM 15,75

HEFT 12
Elektrowärme-Institut, Langenberg (Rhld.)
Induktive Erwärmung mit Netzfrequenz
1952, 22 Seiten 6 Abb., DM 5,20

HEFT 13
Techn.-Wissenschaftl. Büro für die Bastfaserindustrie, Bielefeld
Das Naßspinnen von Bastfasergarnen mit chemischen Zusätzen zum Spinnbad
1953, 52 Seiten, 4 Abb., 19 Tabellen, DM 10,—

HEFT 14
Forschungsstelle für Acetylen, Dortmund
Untersuchungen über Aceton als Lösungsmittel für Acetylen
1952, 64 Seiten, 10 Abb., 26 Tabellen, DM 12,25

HEFT 15
Wäschereiforschung Krefeld
Trocknen von Wäschestoffen
1953, 48 Seiten, 14 Abb., 2 Tabellen, DM 9,—

HEFT 16
Max-Planck-Institut für Kohlenforschung, Mülheim a. d. Ruhr
Arbeiten des MPI für Kohlenforschung
1953, 104 Seiten, 9 Abb., DM 17,80

HEFT 17
Ingenieurbüro Herbert Stein, M.-Gladbach
Untersuchungen der Verzugsvorgänge in den Streckwerken verschiedener Spinnereimaschinen. 1. Bericht: Vergleichende Prüfung mit verschiedenen Dickenmeßgeräten
1952, 36 Seiten, 15 Abb., DM 8,—

HEFT 18
Wäschereiforschung Krefeld
Grundlagen zur Erfassung der chemischen Schädigung beim Waschen
1953, 68 Seiten, 15 Abb., 15 Tabellen, DM 12,75

HEFT 19
Techn.-Wissenschaftl. Büro für die Bastfaserindustrie, Bielefeld
Die Auswirkung des Schlichtens von Leinengarnketten auf den Verarbeitungswirkungsgrad, sowie die Festigkeit und Dehnungsverhältnisse der Garne und Gewebe
1953, 48 Seiten, 1 Abb., 9 Tabellen, DM 9,—

HEFT 20
Techn.-Wissenschaftl. Büro für die Bastfaserindustrie, Bielefeld
Trocknung von Leinengarnen I
Vorgang und Einwirkung auf die Garnqualität
1953, 62 Seiten, 18 Abb., 5 Tabellen, DM 12,—

HEFT 21
Techn.-Wissenschaftl. Büro für die Bastfaserindustrie, Bielefeld
Trocknung von Leinengarnen II
Spulenanordnung und Luftführung beim Trocknen von Kreuzspulen
1953, 66 Seiten, 22 Abb., 9 Tabellen, DM 13,—

HEFT 22
Techn.-Wissenschaftl. Büro für die Bastfaserindustrie, Bielefeld
Die Reparaturanfälligkeit von Webstühlen
1953, 28 Seiten, 7 Abb., 5 Tabellen, DM 5,80

HEFT 23
Institut für Starkstromtechnik, Aachen
Rechnerische und experimentelle Untersuchungen zur Kenntnis der Metadyne als Umformer von konstanter Spannung auf konstanten Strom
1953, 52 Seiten, 20 Abb., 4 Tafeln, DM 9,75

HEFT 24
Institut für Starkstromtechnik, Aachen
Vergleich verschiedener Generator-Metadyne-Schaltungen in bezug auf statisches Verhalten
1952, 44 Seiten, 23 Abb., DM 8,50

HEFT 25
Gesellschaft für Kohlentechnik mbH., Dortmund-Eving
Struktur der Steinkohlen und Steinkohlen-Kokse
1953, 58 Seiten, DM 11,—

HEFT 26
Techn.-Wissenschaftl. Büro für die Bastfaserindustrie, Bielefeld
Vergleichende Untersuchungen zweier neuzeitlicher Ungleichmäßigkeitsprüfer für Bänder und Garne hinsichtlich ihrer Eignung für die Bastfaserspinnerei
1953, 64 Seiten, 30 Abb., DM 12,50

HEFT 27
Prof. Dr. E. Schratz, Münster
Untersuchungen zur Rentabilität des Arzneipflanzenanbaues Römische Kamille, Anthemis nobilis L.
1953, 16 Seiten, 1 Tabelle, DM 3,60

HEFT 28
Prof. Dr. E. Schratz, Münster
Calendula officinalis L. Studien zur Ernährung, Blütenfüllung und Rentabilität der Drogengewinnung
1953, 24 Seiten, 2 Abb., 3 Tabellen, DM 5,20

HEFT 29
Techn.-Wissenschaftl. Büro für die Bastfaserindustrie, Bielefeld
Die Ausnützung der Leinengarne in Geweben
1953, 100 Seiten, 14 Abb., 10 Tabellen, DM 17,80

HEFT 30
Gesellschaft für Kohlentechnik mbH., Dortmund-Eving
Kombinierte Entaschung und Verschwelung von Steinkohle; Aufarbeitung von Steinkohlenschlämmen zu verkokbarer oder verschwelbarer Kohle
1953, 56 Seiten, 16 Abb., 10 Tabellen, DM 10,50

HEFT 31
Dipl.-Ing. A. Stormanns, Essen
Messung des Leistungsbedarfs von Doppelsteg-Kettenförderern
1954, 54 Seiten, 18 Abb., 3 Anlagen, DM 11,—

HEFT 32
Techn.-Wissenschaftl. Büro für die Bastfaserindustrie, Bielefeld
Der Einfluß der Natriumchloridbleiche auf Qualität und Verwebbarkeit von Leinengarnen und die Eigenschaften der Leinengewebe unter besonderer Berücksichtigung des Einsatzes von Schützen- und Spulenwechselautomaten in der Leinenweberei
1953, 64 Seiten, 2 Abb., 12 Tabellen, DM 11,50

HEFT 33
Kohlenstoffbiologische Forschungsstation e. V.
Eine Methode zur Bestimmung von Schwefeldioxyd und Schwefelwasserstoff in Rauchgasen und in der Atmosphäre
1953, 32 Seiten, 8 Abb., 3 Tabellen, DM 6,50

HEFT 34
Textilforschungsanstalt Krefeld
Quellungs- und Entquellungsvorgänge bei Faserstoffen
1953, 52 Seiten, 13 Abb., 13 Tabellen, DM 9,80

WESTDEUTSCHER VERLAG · KÖLN UND OPLADEN

HEFT 35
Professor Dr. W. Kast, Krefeld
Feinstrukturuntersuchungen an künstlichen Zellulosefasern verschiedener Herstellungsverfahren. Teil I: Der Orientierungszustand
1953, 74 Seiten, 30 Abb., 7 Tabellen, DM 13,80

HEFT 36
Forschungsinstitut der feuerfesten Industrie, Bonn
Untersuchungen über die Trocknung von Rohton
Untersuchungen über die chemische Reinigung von Silika- und Schamotte-Rohstoffen mit chlorhaltigen Gasen
1953, 60 Seiten, 5 Abb., 5 Tabellen, DM 11,—

HEFT 37
Forschungsinstitut der feuerfesten Industrie, Bonn
Untersuchungen über den Einfluß der Probenvorbereitung auf die Kaltdruckfestigkeit feuerfester Steine
1953, 40 Seiten, 2 Abb., 5 Tabellen, DM 7,80

HEFT 38
Forschungsstelle für Acetylen, Dortmund
Untersuchungen über die Trocknung von Acetylen zur Herstellung von Dissousgas
1953, 36 Seiten, 11 Abb., 3 Tabellen, DM 6,80

HEFT 39
Forschungsgesellschaft Blechverarbeitung e. V., Düsseldorf
Untersuchungen an prägegemusterten und vorgelochten Blechen
1953, 46 Seiten, 34 Abb., DM 9,50

HEFT 40
Landesgeologe Dr.-Ing. W. Wolff, Amt für Bodenforschung, Krefeld
Untersuchungen über die Anwendbarkeit geophysikalischer Verfahren zur Untersuchung von Spateisengängen im Siegerland
1953, 46 Seiten, 8 Abb., DM 8,80

HEFT 41
Techn.-Wissenschaftl. Büro für die Bastfaserindustrie, Bielefeld
Untersuchungsarbeiten zur Verbesserung des Leinenwebstuhles II
1953, 40 Seiten, 4 Abb., 5 Tabellen, DM 7,80

HEFT 42
Professor Dr. B. Helferich, Bonn
Untersuchungen über Wirkstoffe — Fermente — in der Kartoffel und die Möglichkeit ihrer Verwendung
1953, 58 Seiten, 9 Abb., DM 11,—

HEFT 43
Forschungsgesellschaft Blechverarbeitung e. V., Düsseldorf
Forschungsergebnisse über das Beizen von Blechen
1953, 48 Seiten, 38 Abb., 2 Tabellen, DM 11,30

HEFT 44
Arbeitsgemeinschaft für praktische Dehnungsmessung, Düsseldorf
Eigenschaften und Anwendungen von Dehnungsmeßstreifen
1953, 68 Seiten, 43 Abb., 2 Tabellen, DM 13,70

HEFT 45
Losenhausenwerk Düsseldorfer Maschinenbau AG., Düsseldorf
Untersuchungen von störenden Einflüssen auf die Lastgrenzenanzeige von Dauerschwingprüfmaschinen
1953, 36 Seiten, 11 Abb., 3 Tabellen, DM 7,25

HEFT 46
Prof. Dr. W. Fuchs, Aachen
Untersuchungen über die Aufbereitung von Wasser für die Dampferzeugung in Benson-Kesseln
1953, 58 Seiten, 18 Abb., 9 Tabellen, DM 11,20

HEFT 47
Prof. Dr.-Ing. K. Krekeler, Aachen
Versuche über die Anwendung der induktiven Erwärmung zum Sintern von hochschmelzenden Metallen sowie zur Anlegierung und Vergütung von aufgespritzten Metallschichten mit dem Grundwerkstoff
1954, 66 Seiten, 39 Abb., DM 13,90

HEFT 48
Max-Planck-Institut für Eisenforschung, Düsseldorf
Spektrochemische Analyse der Gefügebestandteile in Stählen nach ihrer Isolierung
1953, 38 Seiten, 8 Abb., 5 Tabellen, DM 7,80

HEFT 49
Max-Planck-Institut für Eisenforschung, Düsseldorf
Untersuchungen über Ablauf der Desoxydation und die Bildung von Einschlüssen in Stählen
1953, 52 Seiten, 19 Abb., 3 Tabellen, DM 12,40

HEFT 50
Max-Planck-Institut für Eisenforschung, Düsseldorf
Flammenspektralanalytische Untersuchung der Ferritzusammensetzung in Stählen
1953, 44 Seiten, 15 Abb., 4 Tabellen, DM 8,60

HEFT 51
Verein zur Förderung von Forschungs- und Entwicklungsarbeiten in der Werkzeugindustrie e. V., Remscheid
Untersuchungen an Kreissägeblättern für Holz, Fehler- und Spannungsprüfverfahren
1953, 50 Seiten, 23 Abb., DM 10,—

HEFT 52
Forschungsstelle für Acetylen, Dortmund
Untersuchungen über den Umsatz bei der explosiblen Zersetzung von Azetylen
 a) Zersetzung von gasförmigem Azetylen
 b) Zersetzung von an Silikagel adsorbiertem Azetylen
1954, 48 Seiten, 8 Abb., 10 Tabellen, DM 9,25

HEFT 53
Professor Dr.-Ing. H. Opitz, Aachen
Reibwert und Verschleißmessungen an Kunststoffgleitführungen für Werkzeugmaschinen
1954, 38 Seiten, 18 Abb., DM 8,20

HEFT 54
Professor Dr.-Ing. F. A. F. Schmidt, Aachen
Schaffung von Grundlagen für die Erhöhung der spez. Leistung und Herabsetzung des spez. Brennstoffverbrauches bei Ottomotoren mit Teilbericht über Arbeiten an einem neuen Einspritzverfahren
1954, 34 Seiten, 15 Abb., DM 7,40

HEFT 55
Forschungsgesellschaft Blechverarbeitung e. V. Düsseldorf
Chemisches Glänzen von Messing und Neusilber
1954, 50 Seiten, 21 Abb., 1 Tabelle, DM 10,20

HEFT 56
Forschungsgesellschaft Blechverarbeitung e. V., Düsseldorf
Untersuchungen über einige Probleme der Behandlung von Blechoberflächen
1954, 52 Seiten, 42 Abb., DM 11,20

HEFT 57
Prof. Dr.-Ing. F. A. F. Schmidt, Aachen
Untersuchungen zur Erforschung des Einflusses des chemischen Aufbaues des Kraftstoffes auf sein Verhalten im Motor und in Brennkammern von Gasturbinen
1954, 70 Seiten, 32 Abb., DM 14,60

HEFT 58
Gesellschaft für Kohlentechnik mbH., Dortmund
Herstellung und Untersuchung von Steinkohlenschweltder
1954, 74 Seiten, 9 Abb., 9 Tabellen, DM 13,75

HEFT 59
Forschungsinstitut der Feuerfest-Industrie e. V., Bonn
Ein Schnellanalysenverfahren zur Bestimmung von Aluminiumoxyd, Eisenoxyd und Titanoxyd in feuerfestem Material mittels organischer Farbreagenzien auf photometrischem Wege
Untersuchungen des Alkali-Gehaltes feuerfester Stoffe mit dem Flammenphotometer nach Riehm-Lange
1954, 62 Seiten, 12 Abb., 3 Tabellen, DM 11,60

HEFT 60
Forschungsgesellschaft Blechverarbeitung e. V., Düsseldorf
Untersuchungen über das Spritzlackieren im elektrostatischen Hochspannungsfeld
1954, 82 Seiten, 53 Abb., 7 Tabellen, DM 17,—

HEFT 61
Verein zur Förderung von Forschungs- und Entwicklungsarbeiten in der Werkzeugindustrie e. V., Remscheid
Schwingungs- und Arbeitsverhalten von Kreissägeblättern für Holz
1954, 54 Seiten, 31 Abb., DM 11,40

HEFT 62
Professor Dr. W. Franz, Institut für theoretische Physik der Universität Münster
Berechnung des elektrischen Durchschlags durch feste und flüssige Isolatoren
1954, 36 Seiten, DM 7,—

HEFT 63
Textilforschungsanstalt Krefeld
Neue Methoden zur Untersuchung der Wirkungsweise von Textilhilfsmitteln
Untersuchungen über Schlichtungs- und Entschlichtungsvorgänge
1954, 34 Seiten, 1 Abb., 5 Tabellen, DM 6,80

HEFT 64
Textilforschungsanstalt Krefeld
Die Kettenlängenverteilung von hochpolymeren Faserstoffen
Über die fraktionierte Fällung von Polyamiden
1954, 44 Seiten, 13 Abb., DM 8,60

HEFT 65
Fachverband Schneidwarenindustrie, Solingen
Untersuchungen über das elektrolytische Polieren von Tafelmesserklingen aus rostfreiem Stahl
1954, 90 Seiten, 38 Abb., 9 Tabellen, DM 17,35

HEFT 66
Dr.-Ing. P. Füsgen VDI †, Düsseldorf
Untersuchungen über das Auftreten des Ratterns bei selbsthemmenden Schneckengetrieben und seine Verhütung
1954, 32 Seiten, 5 Abb., DM 6,60

HEFT 67
Heinrich Wösthoff o. H. G., Apparatebau, Bochum
Entwicklung einer chemisch-physikalischen Apparatur zur Bestimmung kleinster Kohlenoxyd-Konzentrationen
1954, 94 Seiten, 48 Abb., 2 Tabellen, DM 18,25

HEFT 68
Kohlenstoffbiologische Forschungsstation e. V., Essen
Algengroßkulturen im Sommer 1952
II. Über die unsterile Großkultur von Scenedesmus obliquus
1954, 62 Seiten, 3 Abb., 29 Tabellen, DM 11,40

HEFT 69
Wäschereiforschung Krefeld
Bestimmung des Faserabbaues bei Leinen unter besonderer Berücksichtigung der Leinengarnbleiche
1954, 48 Seiten, 15 Abb., 3 Tabellen, DM 9,60

HEFT 70
Wäschereiforschung Krefeld
Trocknen von Wäschestoffen
1954, 52 Seiten, 18 Abb., 3 Tabellen, DM 10,—

HEFT 71
Prof. Dr.-Ing. K. Leist, Aachen
Kleingasturbinen, insbesondere zum Fahrzeugantrieb
1954, 114 Seiten, 85 Abb., DM 22,—

HEFT 72
Prof. Dr.-Ing. K. Leist, Aachen
Beitrag zur Untersuchung von stehenden geraden Turbinengittern mit Hilfe von Druckverteilungsmessungen
1954, 152 Seiten, 111 Abb., DM 36,20

HEFT 73
Prof. Dr.-Ing. K. Leist, Aachen
Spannungsoptische Untersuchungen von Turbinenschaufelfüßen
1954, 66 Seiten, 46 Abb., 2 Tabellen, DM 14,60

HEFT 74
Max-Planck-Institut für Eisenforschung, Düsseldorf
Versuche zur Klärung des Umwandlungsverhaltens eines sonderkarbidbildenden Chromstahls
1954, 58 Seiten, 10 Abb., DM 14,—

HEFT 75
Max-Planck-Institut für Eisenforschung, Düsseldorf
Zeit-Temperatur-Umwandlungs-Schaubilder als Grundlage der Wärmebehandlung der Stähle
1954, 44 Seiten, 13 Abb., DM 8,70

HEFT 76
Max-Planck-Institut für Arbeitsphysiologie, Dortmund
Arbeitstechnische und arbeitsphysiologische Rationalisierung von Mauersteinen
1954, 52 Seiten, 12 Abb., 3 Tabellen, DM 10,20

HEFT 77
Meteor Apparatebau Paul Schmeck GmbH., Siegen
Entwicklung von Leuchtstoffröhren hoher Leistung
1954, 46 Seiten, 12 Abb., 2 Tabellen, DM 9,15

HEFT 78
Forschungsstelle für Acetylen, Dortmund
Über die Zustandsgleichung des gasförmigen Acetylens und das Gleichgewicht Acetylen — Aceton
1954, 42 Seiten, 3 Abb., 8 Tabellen, DM 9,—

HEFT 79
Techn.-Wissenschaftl. Büro für die Bastfaserindustrie, Bielefeld
Trocknung von Leinengarnen III
Spinnspulen- und Spinnkopstrocknung
Vorgang und Einwirkung auf die Garnqualität
1954, 74 Seiten, 18 Abb., 10 Tabellen, DM 14,—

WESTDEUTSCHER VERLAG · KÖLN UND OPLADEN

HEFT 80
Techn.-Wissenschaftl. Büro für die Bastfaserindustrie, Bielefeld
Die Verarbeitung von Leinengarn auf Webstühlen mit und ohne Oberbau
1954, 30 Seiten, 2 Abb., 2 Tabellen, DM 6,—

HEFT 81
Prüf- und Forschungsinstitut für Ziegeleierzeugnisse, Essen-Kray
Die Einführung des großformatigen Einheits-Gitterziegels im Lande Nordrhein-Westfalen
1954, 54 Seiten, 2 Abb., 2 Tabellen, DM 10,—

HEFT 82
Vereinigte Aluminium-Werke AG., Bonn
Forschungsarbeiten auf dem Gebiet der Veredelung von Aluminium-Oberflächen
1954, 46 Seiten, 34 Abb., DM 9,60

HEFT 83
Prof. Dr. S. Strugger, Münster
Über die Struktur der Proplastiden
1954, 30 Seiten, 15 Abb., DM 8,40

HEFT 84
Dr. H. Baron, Düsseldorf
Über Standardisierung von Wundtextilien
1954, 32 Seiten, DM 6,40

HEFT 85
Textilforschungsanstalt Krefeld
Physikalische Untersuchungen an Fasern, Fäden, Garnen und Geweben:
Untersuchungen am Knickscheuergerät nach Weltzien
1954, 40 Seiten, 11 Abb., 8 Tabellen, DM 10,—

HEFT 86
Prof. Dr.-Ing. H. Opitz, Aachen
Untersuchungen über das Fräsen von Baustahl sowie über den Einfluß des Gefüges auf die Zerspanbarkeit
1954, 108 Seiten, 73 Abb., 7 Tabellen, DM 22,—

HEFT 87
Gemeinschaftsausschuß Verzinken, Düsseldorf
Untersuchungen über Güte von Verzinkungen
1954, 68 Seiten, 56 Abb., 3 Tabellen, DM 15,30

HEFT 88
Gesellschaft für Kohlentechnik mbH., Dortmund-Eving
Oxydation von Steinkohle mit Salpetersäure
1954, 62 Seiten, 2 Abb., 1 Tabelle, DM 11,50

HEFT 89
Verein Deutscher Ingenieure, Gleitlagerforschung, Düsseldorf und Prof. Dr.-Ing. G. Vogelpohl, Göttingen
Versuche mit Preßstoff-Lagern für Walzwerke
1954, 70 Seiten, 34 Abb., DM 14,10

HEFT 90
Forschungs-Institut der Feuerfest-Industrie, Bonn
Das Verhalten von Silikasteinen im Siemens-Martin-Ofengewölbe
1954, 62 Seiten, 15 Abb., 11 Tabellen, DM 11,90

HEFT 91
Forschungs-Institut der Feuerfest-Industrie, Bonn
Untersuchungen des Zusammenhangs zwischen Leistung und Kohlenverbrauch von Kammeröfen zum Brennen von feuerfesten Materialien
1954, 42 Seiten, 6 Abb., DM 8,30

HEFT 92
Techn.-Wissenschaftl. Büro für die Bastfaserindustrie, Bielefeld und Laboratorium für textile Meßtechnik, M.-Gladbach
Messungen von Vorgängen am Webstuhl
1954, 76 Seiten, 45 Abb., DM 15,50

HEFT 93
Prof. Dr. W. Kast, Krefeld
Spinnversuche zur Strukturerfassung künstlicher Zellulosefasern
1954, 82 Seiten, 39 Abb., 6 Tabellen, DM 16,—

HEFT 94
Prof. Dr. G. Winter, Bonn
Die Heilpflanzen des MATTHIOLUS (1611) gegen Infektionen des Harnwege und Verunreinigung der Wunden bzw. zur Förderung der Wundheilung im Lichte der Antibiotikaforschung
1954, 58 Seiten, 1 Abb., 2 Tabellen, DM 11,50

HEFT 95
Prof. Dr. G. Winter, Bonn
Untersuchungen über die flüchtigen Antibiotika aus der Kapuziner- (Tropaeolum maius) und Gartenkresse (Lepidium sativum) und ihr Verhalten im menschlichen Körper bei Aufnahme von Kapuziner- bzw. Gartenkressensalat per os
1955, 74 Seiten, 9 Abb., 25 Tabellen, DM 14,—

HEFT 96
Dr.-Ing. P. Koch, Dortmund
Austritt von Exoelektronen aus Metalloberflächen unter Berücksichtigung der Verwendung des Effektes für die Materialprüfung
1954, 34 Seiten, 13 Abb., DM 7,—

HEFT 97
Ing. H. Stein, Laboratorium für textile Meßtechnik, M.-Gladbach
Untersuchung der Verzugsvorgänge an den Streckwerken verschiedener Spinnereimaschinen
2. Bericht: Ermittlung der Haft-Gleiteigenschaften von Faserbändern und Vorgarnen
1955, 98 Seiten, 54 Abb., DM 21,—

HEFT 98
Fachverband Gesenkschmieden, Hagen
Die Arbeitsgenauigkeit beim Gesenkschmieden unter Hämmern
1955, 132 Seiten, 55 Abb., 9 Tabellen, DM 24,75

HEFT 99
Prof. Dr.-Ing. G. Garbotz, Aachen
Der Kraft- und Arbeitsaufwand sowie die Leistungen beim Biegen von Bewehrungsstählen in Abhängigkeit von den Abmessungen, den Formen und der Güte der Stähle (Ermittlung von Leistungsrichtlinien)
1955, 136 Seiten, 53 Abb., 3 Anlagen, 18 Tabellen, DM 30,—

HEFT 100
Prof. Dr.-Ing. H. Opitz, Aachen
Untersuchungen von elektrischen Antrieben, Steuerungen und Regelungen an Werkzeugmaschinen
1955, 166 Seiten, 71 Abb., 3 Tabellen, DM 31,30

HEFT 101
Prof. Dr.-Ing. H. Opitz, Aachen
Wirtschaftlichkeitsbetrachtungen beim Außenrundschleifen
1955, 100 Seiten, 56 Abb., 3 Tabellen, DM 19,30

HEFT 102
Dr. P. Hölemann, Ing. R. Hasselmann und Ing. G. Dix, Dortmund
Untersuchungen über die thermische Zündung von explosiblen Acetylenzersetzungen in Kapillaren
1954, 44 Seiten, 5 Abb., 4 Tabellen, DM 8,60

HEFT 103
Prof. Dr. W. Weizel, Bonn
Durchführung von experimentellen Untersuchungen über den zeitlichen Ablauf von Funken in komprimierten Edelgasen sowie zu deren mathematischen Berechnung
1955, 46 Seiten, 12 Abb., DM 9,10

HEFT 104
Prof. Dr. W. Weizel, Bonn
Über den Einfluß der Elektroden auf die Eigenschaften von Cadmium-Sulfid-Widerstands-Photozellen
1955, 48 Seiten, 12 Abb., DM 9,45

HEFT 105
Dr.-Ing. R. Meldau, Harsewinkel/Westf.
Auswertung von Gekörn — Analysen des Musterstaubes „Flugasche Fortuna I"
1955, 42 Seiten, 14 Abb., DM 8,50

HEFT 106
ORR. Dr.-Ing. W. Küch, Dortmund
Untersuchungen über die Einwirkung von feuchtigkeitsgesättigter Luft auf die Festigkeit von Leimverbindungen
1954, 60 Seiten, 10 Abb., 6 Tabellen, DM 11,40

HEFT 107
Prof. Dr. H. Lange und Dipl.-Phys. P. St. Pütter, Köln
Über die Konstruktion von Laboratoriumsmagneten
1955, 66 Seiten, 19 Abb., 1 Tabelle, DM 12,30

HEFT 108
Prof. Dr. W. Fuchs, Aachen
Untersuchungen über neue Beizmethoden und Beizabwässer
I. Die Entzunderung von Drähten mit Natriumhydrid
II. Die Aufbereitung von Beizabwässern
1955, 82 Seiten, 15 Abb., 14 Tabellen, 1 Falttafel, DM 15,25

HEFT 109
Dr. P. Hölemann und Ing. R. Hasselmann, Dortmund
Untersuchungen über die Löslichkeit von Azetylen in verschiedenen organischen Lösungsmitteln
1954, 42 Seiten, 10 Abb., 8 Tabellen, DM 8,30

HEFT 110
Dr. P. Hölemann und Ing. R. Hasselmann, Dortmund
Untersuchungen über den Druckverlauf bei der explosiblen Zersetzung von gasförmigem Azetylen
1955, 54 Seiten, 10 Abb., 5 Tabellen, DM 11,—

HEFT 111
Fachverband Steinzeugindustrie, Köln
Die Entwicklung eines Gerätes zur Beschickung seitlicher Feuer von Steinzeug-Einzelkammeröfen mit festen Brennstoffen
1955, 46 Seiten, 16 Abb., DM 9,40

HEFT 112
Prof. Dr.-Ing. H. Opitz, Aachen
Verschleißmessungen beim Drehen mit aktivierten Hartmetallwerkzeugen
1954, 44 Seiten, 17 Abb., 6 Tabellen, DM 8,80

HEFT 113
Prof. Dr. O. Graf, Dortmund
Erforschung der geistigen Ermüdung und nervösen Belastung: Studien über die vegetative 24-Stunden-Rhythmik in Ruhe und unter Belastung
1955, 40 Seiten, 12 Abb., DM 8,20

HEFT 114
Prof. Dr. O. Graf, Dortmund
Studien über Fließarbeitsprobleme an einer praxisnahen Experimentieranlage
1954, 34 Seiten, 6 Abb., DM 7,—

HEFT 115
Prof. Dr. O. Graf, Dortmund
Studium über Arbeitspausen in Betrieben bei freier und zeitgebundener Arbeit (Fließarbeit) und ihre Auswirkung auf die Leistungsfähigkeit
1955, 50 Seiten, 13 Abb., 2 Tabellen, DM 9,80

HEFT 116
Prof. Dr.-Ing. E. Siebel und Dr.-Ing. H. Weiss, Stuttgart
Untersuchungen an einigen Problemen des Tiefziehens — I. Teil
1955, 74 Seiten, 50 Abb., 5 Tabellen, DM 14,50

HEFT 117
Dr.-Ing. H. Beißwänger, Stuttgart, und Dr.-Ing. S. Schwandt, Trier
Untersuchungen an einigen Problemen des Tiefziehens — II. Teil
1955, 92 Seiten, 34 Abb., 8 Tabellen, DM 17,70

HEFT 118
Prof. Dr. E. A. Müller und Dr. H. G. Wenzel, Dortmund
Neuartige Klima-Anlage zur Erzeugung ungleicher Luft- und Strahlungstemperaturen in einem Versuchsraum
1955, 68 Seiten, 10 z. T. mehrfarb. Abb., DM 14,—

HEFT 119
Dr.-Ing. O. Viertel, Krefeld
Wäscherei- und energietechnische Untersuchung einer Gemeinschafts-Waschanlage
1955, 50 Seiten, 18 Abb., DM 10,20

HEFT 120
Dipl.-Ing. A. Weisbecker, Lüdenscheid
Über Anfressung an Reinstaluminium-Schweißnähten bei der elektrolytischen Oxydation
Gebr. Hörstermann GmbH., Velbert
Entwicklung und Erprobung eines neuartigen Gummibandförderers
1955, 46 Seiten, 18 Abb., DM 9,70

HEFT 121
Dr. H. Krebs, Bonn
I. Die Struktur und die Eigenschaften der Halbmetalle
II. Die Bestimmung der Atomverteilung in amorphen Substanzen
III. Die chemische Bindung in anorganischen Festkörpern und das Entstehen metallischer Eigenschaften
1955, 124 Seiten, 36 Abb., 13 Tabellen, DM 22,90

HEFT 122
Prof. Dr. W. Fuchs, Aachen
Untersuchungen zur Verbesserung der Wasseraufbereitung und Wasseranalyse:
Über die Schnellbewertung von Ionenaustauscher
1955, 62 Seiten, 32 Abb., DM 12,30

HEFT 123
Dipl.-Ing. J. Emondts, Aachen
Über Bodenverformungen bei stark gestörtem und mächtigem, wasserführendem Deckgebirge im Aachener Steinkohlengebiet
1955, 196 Seiten, 37 Abb., 10 Tabellen, DM 28,80

HEFT 124
Prof. Dr. R. Seyffert, Köln
Wege und Kosten der Distribution der Hausratwaren im Lande Nordrhein-Westfalen
1955, 74 Seiten, 25 Tabellen, DM 9,—

WESTDEUTSCHER VERLAG · KÖLN UND OPLADEN

HEFT 125
Prof. Dr. E. Kappler, Münster
Eine neue Methode zur Bestimmung von Kondensations-Koeffizienten von Wasser
1955, 46 Seiten, 11 Abb., 1 Tabelle, DM 9,10

HEFT 126
Prof. Dr.-Ing. J. Mathieu, Aachen
Arbeitszeitvergleich
Grundlagen, Methodik und praktische Durchführung
1955, 70 Seiten, DM 13,—

HEFT 127
Güteschutz Betonstein e. V., Arbeitskreis Nordrhein-Westfalen, Dortmund
Die Betonwaren-Gütesicherung im Lande Nordrhein-Westfalen
1955, 58 Seiten, 15 Abb., 3 Tabellen, DM 11,50

HEFT 128
Prof. Dr. O. Schmitz-DuMont, Bonn
Untersuchungen über Reaktionen in flüssigem Ammoniak
1955, 96 Seiten, 11 Abb., 6 Tabellen, DM 17,75

HEFT 129
Prof. Dr.-Ing. J. Mathieu und Dr. C. A. Roos, Aachen
Die Anlernung von Industriearbeitern
I. Ergebnisse einer grundsätzlichen Untersuchung der gegenwärtigen Industriearbeiter-Kurzanlernung
1955, 106 Seiten, DM 19,70

HEFT 130
Prof. Dr.-Ing. J. Mathieu und Dr. C. A. Roos, Aachen
Die Anlernung von Industriearbeitern
II. Beiträge zur Methodenfrage der Kurzanlernung
1955, 108 Seiten, DM 19,90

HEFT 131
Dr. W. Hoerburger, Köln
Versuche zur Biosynthese von Eiweiß aus Kohlenwasserstoff
1955, 34 Seiten, 2 Abb., DM 6,90

HEFT 132
Prof. Dr. W. Seith, Münster
Über Diffusionserscheinungen in festen Metallen
1955, 42 Seiten, 19 Abb., 4 Tabellen, DM 9,10

HEFT 133
Prof. Dr. E. Jenckel, Aachen
Über einen für Schwermetalle selektiven Ionenaustauscher
1955; 48 Seiten, 8 Abb., 13 Tabellen, DM 9,50

HEFT 134
Prof. Dr.-Ing. H. Winterhager, Aachen
Über die elektrochemischen Grundlagen der Schmelzfluß-Elektrolyse von Bleisulfid in geschmolzenen Mischungen mit Bleichlorid
1955, 54 Seiten, 20 Abb., 5 Tabellen, DM 11,80

HEFT 135
Prof. Dr.-Ing. K. Krekeler und Dr.-Ing. H. Peukert, Aachen
Die Änderung der mechanischen Eigenschaften thermoplastischer Kunststoffe durch Warmrecken
1955, 54 Seiten, 27 Abb., DM 11,10

HEFT 136
Dipl.-Phys. P. Pilz, Remscheid
Über spezielle Probleme der Zerkleinerungstechnik von Weichstoffen
1955, 58 Seiten, 19 Abb., 2 Tabellen, DM 11,50

HEFT 137
Prof. Dr. W. Baumeister, Münster
Beiträge zur Mineralstoffernährung der Pflanzen
1955, 64 Seiten, 6 Abb., DM 11,80

HEFT 138
Dr. P. Hölemann und Ing. R. Hasselmann, Dortmund
Untersuchungen über die Zersetzungswärme von gasförmigem und in Azeton gelöstem Azetylen
1955, 54 Seiten, 8 Abb., 7 Tabellen, DM 10,40

HEFT 139
Prof. Dr. W. Fuchs, Aachen
Studien über die thermische Zersetzung der Kohle und die Kohlendestillatprodukte
1955, 64 Seiten, 20 Abb., 22 Tabellen, DM 11,80

HEFT 140
Dr.-Ing. G. Hausberg, Essen
Modellversuche an Zyklonen
1955, 78 Seiten, 24 Abb., DM 15,70

HEFT 141
Dr. J. van Calker und Dr. R. Wienecke, Münster
Untersuchungen über den Einfluß dritter Analysenpartner auf die spektrochemische Analyse
1955, 42 Seiten, 15 Abb., DM 9,10

HEFT 142
Dipl.-Ing. G. M. F. Wiebel, Hannover, A. Konermann und A. Ottenheym, Sennelager
Entwicklung eines Kalksandleichtsteines
1955, 38 Seiten, 4 Abb., DM 8,—

HEFT 143
Prof. Dr. F. Wever, Dr. A. Rose und Dipl.-Ing. W. Straßburg, Düsseldorf
Härtbarkeit und Umwandlungsverhalten der Stähle
1955, 50 Seiten, 12 Abb., 3 Tabellen, DM 10,70

HEFT 144
Prof. Dr. H. Wurmbach, Bonn
Steuerung von Wachstum und Formbildung
1955, 48 Seiten, 19 Abb., DM 10,30

HEFT 145
Dr. G. Hennemann, Werdohl (Westf.)
Beitrag zur Interpretation der modernen Atomphysik
1955, 34 Seiten, DM 10,—

HEFT 146
Dr.-Ing. F. Gruß, Düsseldorf
Sterilisation mit Heißluft
1955, 34 Seiten, 10 Abb., DM 7,70

HEFT 147
Dr.-Ing. W. Rudisch, Unna
Untersuchung einer drehelastischen Elektromagnet-Synchronkupplung
1955, 82 Seiten, 65 Abb., DM 17,70

HEFT 148
Prof. Dr. H. Bittel u. Dipl.-Phys. L. Storm, Münster
Untersuchungen über Widerstandsrauschen
1955, 40 Seiten, 5 Abb., DM 8,40

HEFT 149
Dipl.-Ing. K. Konopicky und Dipl.-Chem. P. Kampa, Bonn
I. Beitrag zur flammenphotometrischen Bestimmung des Calciums.
Dr.-Ing. K. Konopicky, Bonn
II. Die Wanderung von Schlackenbestandteilen in feuerfesten Baustoffen
1955, 54 Seiten, 10 Abb., 5 Tabellen, DM 11,—

HEFT 150
Prof. Dr.-Ing. O. Kienzle und Dipl.-Ing. W. Timmerbeil, Hannover
Das Durchziehen enger Kragen an ebenen Fein- und Mittelblechen
1955, 52 Seiten, 20 Abb., 8 Tabellen, DM 11,30

HEFT 151
Dipl.-Ing. P. Karabasch, Aachen
Feststellung des optimalen Gasgehaltes von Bronzen zur Erzielung druckdichter Gußstücke
1956, 64 Seiten, 31 Abb., 5 Tabellen, DM 13,90

HEFT 152
Dipl.-Ing. G. Müller, Köln
Ermittlung der Laufeigenschaften (Vergießbarkeit) von Bronze und Rotguß mittels der Schneider-Gießspirale
1955, 60 Seiten, 33 Abb., DM 13,30

HEFT 153
Prof. Dr. F. Wever, Dr.-Ing. W. A. Fischer und Dipl.-Ing. J. Engelbrecht, Düsseldorf
I. Die Reduktion sauerstoffhaltiger Eisenschmelzen im Hochvakuum mit Wasserstoff und Kohlenstoff
II. Einfluß geringer Sauerstoffgehalte auf das Gefüge und Alterungsverhalten von Reineisen
1955, 54 Seiten, 15 Abb., 2 Tabellen, DM 12,40

HEFT 154
Prof. Dr.-Ing. P. Bardenheuer und Dr.-Ing. W. A. Fischer, Düsseldorf
Die Verschlackung von Titan aus Stahlschmelzen im sauren und basischen Hochfrequenzofen unter verschiedenen Schlacken
1955, 36 Seiten, 10 Abb., 1 Tabelle, DM 7,95

HEFT 155
Dipl.-Phys. K. H. Schirmer, München
Die auf Grau abgestimmte Farbwiedergabe im Dreifarbenbuchdruck
1955, 46 Seiten, 17 Abb., 2 Farbtafeln, DM 10,—

HEFT 156
Prof. Dr.-Ing. B. von Borries und Mitarbeiter, Düsseldorf
Die Entwicklung regelbarer permanentmagnetischer Elektronenlinsen hoher Brechkraft und eines mit ihnen ausgerüsteten Elektronenmikroskopes neuer Bauart
1956, 102 Seiten, 52 Abb., DM 22,55

HEFT 157
Dr. W. Jawtusch, Dr. G. Schuster und Prof. Dr.-Ing. R. Jaeckel, Bonn
Untersuchungen über die Stoßvorgänge zwischen neutralen Atomen und Molekülen
1955, 48 Seiten, 15 Abb., 3 Tabellen, DM 10,50

HEFT 158
Dipl.-Ing. W. Rosenkranz, Meinerzhagen
Ein Beitrag zum Problem der Spannungskorrosion bei Preßprofilen und Preßteilen aus Aluminium-Legierungen
1956, 112 Seiten, 61 Abb., 5 Tabellen, DM 27,40

HEFT 159
Dr.-Ing. O. Viertel und O. Oldenroth, Krefeld
Das Bleichen von Weißwäsche mit Wasserstoffsuperoxyd bzw. Natriumhypochlorit beim maschinellen Waschen
1955, 54 Seiten, 23 Abb., 2 Tabellen, DM 11,45

HEFT 160
Prof. Dr. W. Klemm, Münster
Über neue Sauerstoff- und Fluor-haltige Komplexe
1955, 50 Seiten, 13 Abb., 7 Tabellen, DM 10,80

HEFT 161
Prof. Dr. W. Weltzien und Dr. G. Hauschild, Krefeld
Über Silikone und ihre Anwendung in der Textilveredlung
1955, 162 Seiten, 22 Abb., 10 Tabellen, DM 27,—

HEFT 162
Prof. Dr. F. Wever, Prof. Dr. A. Kochendörfer und Dipl.-Ing. Chr. Rohrbach, Düsseldorf
Kennzeichnung der Sprödbruchneigung von Stählen durch Messung der Fließspannung, Reißspannung und Brucheinschnürung an dreiachsig beanspruchten Proben
1955, 58 Seiten, 26 Abb., DM 13,—

HEFT 163
Dipl.-Ing. W. Rohs und Text.-Ing. H. Griese, Bielefeld
Untersuchungsarbeiten zur Verbesserung des Leinenwebstuhls III
1955, 80 Seiten, 15 Abb., 18 Tabellen, DM 15,80

HEFT 164
Dr.-Ing. H. Schmachtenberg, Köln
Neuartige Prüfeinrichtungen für Kraftfahrzeuge
1955, 44 Seiten, 23 Abb., DM 9,60

HEFT 165
Dr.-Ing. W. Wilhelm, Aachen
Instationäre Gasströmung im Auspuffsystem eines Zweitaktmotors
1955, 62 Seiten, 31 Abb., 8 Tabellen, DM 13,60

HEFT 166
Prof. Dr. M. v. Stackelberg, Dr. H. Heindze, Dr. H. Hübschke und Dr. K. H. Frangen, Bonn
Kolloidchemische Untersuchungen
1955, 106 Seiten, 8 Abb., 13 Tabellen, DM 21,25

HEFT 167
Prof. Dr.-Ing. F. Schuster, Essen
I. Über die Heißkarburierung von Brenngasen mit Ölen und Teeren
II. Die Strahlungsvorgänge in brennstoffbeheizten Öfen bei verschiedenen Verbrennungsatmosphären
1955, 38 Seiten, 8 Abb., DM 8,30

HEFT 168
Prof. Dr.-Ing. F. Schuster, Essen
I. Luftvorwärmung an Gasfeuerungen
II. Heizwerthöhe von Brenngasen und Wirkungsgrad sowie Gasverbrauch bei der Gasverwendung
III. Sauerstoffangereicherte Luft und feuerungstechnische Kenngrößen von Brenngasen
1955, 60 Seiten, 18 Abb., DM 12,50

HEFT 169
Forschungsinstitut für Pigmente und Lacke, Stuttgart
Arbeiten über die Bestimmung des Gebrauchswertes von Lackfilmen durch physikalische Prüfungen
1955, 70 Seiten, 23 Abb., 4 Tabellen, DM 15,—

HEFT 170
Prof. Dr. F. Wever, Dr. A. Rose und Dipl.-Ing. L. Rademacher, Düsseldorf
Anwendung der Umwandlungsschaubilder auf Fragen der Werkstoffauswahl beim Schweißen und Flammhärten
1955, 64 Seiten, 25 Abb., DM 13,70

WESTDEUTSCHER VERLAG · KÖLN UND OPLADEN

HEFT 171
Wäschereiforschung Krefeld
Untersuchung der Wäscheentwässerung mit Hilfe von Zentrifugen und Pressen
1955, 42 Seiten, 16 Abb., 4 Tabellen, DM 9,70

HEFT 172
Dipl.-Ing. W. Rohs, Dr.-Ing. G. Satlow und Text.-Ing. G. Heller, Bielefeld
Trocknung von Hanfgarnen. Kreuzspultrocknung
1955, 60 Seiten, 7 Abb., 4 Tabellen, DM 10,30

HEFT 173
Prof. Dr. R. Hosemann und Dipl.-Phys. G. Schoknecht, Berlin, vorgelegt von Prof. Dr. W. Kast, Krefeld
Lichtoptische Herstellung und Diskussion der Faltungsquadrate parakristalliner Gitter
1956, 108 Seiten, 63 Abb., 6 Tabellen, DM 24,70

HEFT 174
Prof. Dr. W. von Fragstein, Dr. J. Meingast und H. Hoch, Köln
Herstellung von Solen einheitlicher Teilchengröße und Ermittlung ihrer optischen Eigenschaften
1955, 78 Seiten, 80 Abb., 4 Tabellen, DM 18,25

HEFT 175
Dr.-Ing. H. Zeller, Aachen
Beitrag zur eindimensionalen stationären und nichtstationären Gasströmung mit Reibung und Wärmeleitung insbesondere in Rohren mit unstetigen Querschnittsänderungen
1956, 138 Seiten, 56 Abb., DM 29,30

HEFT 176
Dipl.-Ing. H. Schöberl, Duisburg
Über die Methoden zur Ermittlung der Verbrennungstemperatur von Brennstoffen und ein Vorschlag zu ihrer Verbesserung
1955, 30 Seiten, 3 Abb., DM 6,50

HEFT 177
Dipl.-Ing. H. Stüdemann, Solingen, und Dr.-Ing. W. Müchler, Essen
Entwicklung eines Verfahrens zur zahlenmäßigen Bestimmung der Schneideigenschaften von Messerklingen
1956, 104 Seiten, 68 Abb., 4 Tabellen, DM 22,20

HEFT 178
Prof. Dr. M. von Stackelberg u. Dr. W. Hans, Bonn
Untersuchungen zur Ausarbeitung und Verbesserung von polarographischen Analysenmethoden
1955, 46 Seiten, 14 Abb., DM 10,50

HEFT 179
Dipl.-Ing. H. F. Reineke, Bochum
Entwicklungsarbeiten auf dem Gebiete der Meß- und Regeltechnik
1955, 46 Seiten, 10 Abb., DM 10,—

HEFT 180
Dr.-Ing. W. Piepenburg, Dipl.-Ing. B. Bühling und Bauing. J. Behnke, Köln
Putzarbeiten im Hochbau und Versuche mit aktiviertem Mörtel und mechanischem Mörtelauftrag
1955, 116 Seiten, 31 Abb., 68 Tabellen, DM 23,—

HEFT 181
Prof. Dr. W. Franz, Münster
Theorie der elektrischen Leitvorgänge in Halbleitern und isolierenden Festkörpern bei hohen elektrischen Feldern
1955, 28 Seiten, 2 Abb., 1 Tabelle, DM 6,20

HEFT 182
Dr.-Ing. P. Schenk u. Dr. K. Osterloh, Düsseldorf
Katalytisch-thermische Spaltung von gasförmigen und flüssigen Kohlenwasserstoffen zur Spitzengaserzeugung
1955, 50 Seiten, 11 Abb., 11 Tabellen, DM 10,90

HEFT 183
Dr. W. Bornheim, Köln
Entwicklungsarbeiten an Flaschen- und Ampullen-Behandlungsmaschinen für die pharmazeutische Industrie
1956, 48 Seiten, 24 Abb., DM 11,70

HEFT 184
Dr.-Ing. E. Printz, Kettwig
Vollhydraulische Parallel-Kupplung für Ackerschlepper
1955, 32 Seiten, 4 Abb., DM 7,80

HEFT 185
Dipl.-Ing. W. Rohs und Text.-Ing. G. Heller, Bielefeld
Studien an einem neuzeitlichen Kreuzspultrockner für Bastfasergarne mit Wiederbefeuchtungszone
1955, 52 Seiten, 9 Abb., 3 Tabellen, DM 10,70

HEFT 186
Dr. E. Wedekind, Krefeld
Untersuchungen zur Arbeitsbestgestaltung bei der Fertigstellung von Oberhemden in gewerblichen Wäschereien
1955, 124 Seiten, 28 Abb., 6 Tabellen, 2 Falttaf., DM 12,—

HEFT 187
Dipl.-Ing. F. Göttgens, Essen
Über die Eigenarten der Bimetall-, Thermo- und Flammenionisationssicherungsmethode in ihrer Anwendung zu Zündsicherungen
1955, 40 Seiten, 6 Abb., 4 Tabellen, DM 8,40

HEFT 188
W. Kinnebrock, Langenberg (Rhld.)
Der Einfluß des Austausches gleicher Gaskochbrenner bzw. Gaskochbrennerteile auf den Wirkungsgrad und insbesondere auf den CO-Gehalt der Verbrennungsgase
1955, 42 Seiten, 7 Tabellen, DM 8,70

HEFT 189
Fa. E. Leybold's Nachfolger, Köln
I. Ausgewählte Kapitel aus der Vakuumtechnik
II. Zum Verlust anorganisch-nichtflüchtiger Substanzen während der Gefriertrocknung
1955, 52 Seiten, 16 Abb., 3 Tabellen, DM 11,20

HEFT 190
Prof. Dr. A. Neuhaus, Prof. Dr. O. Schmitz-DuMont und Dipl.-Chem. H. Reckhard, Bonn
Zur Kenntnis der Alkalititanate
1955, 60 Seiten, 13 Abb., 1 Tabelle, DM 12,20

HEFT 191
Dr. H. Söhngen, Darmstadt
Schwingungsverhalten eines Schaufelkranzes im Vakuum
1955, 36 Seiten, 7 Abb., DM 7,80

HEFT 192
Dipl.-Phys. E. M. Schneider, München
Kohlebogenlampen für Aufnahme und Kopie
1955, 48 Seiten, 21 Abb., 3 Tabellen, DM 10,60

HEFT 193
Prof. Dr. O. Schmitz-DuMont, Bonn
Untersuchungen über neue Pigmentfarbstoffe
1956, 50 Seiten, 16 Abb., 8 Tabellen, DM 11,20

HEFT 194
Dr. K. Hecht, Köln
Entwicklung neuartiger physikalischer Unterrichtsgeräte
1955, 42 Seiten, 16 Abb., DM 9,90

HEFT 195
Dr.-Ing. E. Rößger, Köln
Gedanken über einen neuen deutschen Luftverkehr
1955, 342 Seiten, 29 Abb., 122 Tabellen, DM 50,—

HEFT 196
Dipl.-Ing. W. Rohs, und Text.-Ing. H. Griese, Bielefeld
Auswirkungen von Garnfehlern bei der Verarbeitung auf Leinengarnen
1955, 36 Seiten, 3 Abb., 6 Tabellen, DM 7,80

HEFT 197
Dr. E. Wedekind, Krefeld
Untersuchungen zur Bestimmung der optimalen Arbeitsplatzgröße bei Mehrstuhlarbeit in der Weberei
1955, 92 Seiten, 34 Abb., DM 18,50

HEFT 198
Prof. Dr. J. Weissinger, Karlsruhe
Zur Aerodynamik des Ringflügels. Die Druckverteilung dünner, fast drehsymmetrischer Flügel in Unterschallströmung
1955, 42 Seiten, 5 Abb., DM 9,—

HEFT 199
Textilforschungsanstalt Krefeld
Die Messung von Gewebetemperaturen mittels Temperaturstrahlung
1955, 50 Seiten, 12 Abb., DM 10,90

HEFT 200
R. Seipenbusch, Langenberg (Rhld.)
Spitzengas durch Zusatz von Flüssiggas-Wassergas- und Flüssiggas-Generatorgas-Gemischen zu Stadtgas
1955, 48 Seiten, 21 Tabellen, DM 10,35

HEFT 201
Dr.-Ing. E. W. Pleines, Frankfurt/Main
Die Sicherheit im Luftverkehr
1956, 194 Seiten, 39 Abb., 19 Tabellen, DM 39,45

HEFT 202
Dipl.-Ing. D. Fiecke, Stuttgart/Zuffenhausen
Die Bestimmung der Flugzeugpolaren für Entwurfszwecke. I. Teil: Unterlagen
in Vorbereitung

HEFT 203
Dr. G. Wandel, Bonn
Uferbewachsung und Lebendverbauung an den Nordwestdeutschen Kanälen und ihren Zuflüssen sowie an der Ruhr
in Vorbereitung

HEFT 204
Dipl.-Ing. B. Naendorf, Langenberg (Rhld.)
Bestimmung der Brenneigenschaften und des Brennverhaltens verschiedener Gasarten und Einfluß verschiedener Düsengestaltung
1955, 32 Seiten, DM 7,10

HEFT 205
Dr. C. Schaarwächter, Düsseldorf
Über plastische Kupfer-Eisen-Phosphor-Legierungen
1956, 36 Seiten, 10 Abb., 10 Tabellen, DM 8,30

HEFT 206
Dr. P. Hölemann, Ing. R. Hasselmann und Ing. G. Dix, Dortmund
Untersuchungen über die Vorgänge bei der Zersetzung von in Azeton gelöstem Azetylen
1956, 74 Seiten, 7 Abb., 7 Tabellen, DM 15,55

HEFT 207
Prof. Dr.-Ing. H. Opitz, Dipl.-Ing. K. H. Fröhlich und Dipl.-Ing. H. Siebel, Aachen
Richtwerte für das Fräsen von unlegierten und legierten Baustählen mit Hartmetall. I. Teil
in Vorbereitung

HEFT 208
Prof. Dr.-Ing. H. Müller, Essen
Untersuchung von Elektrowärmegeräten für Laienbedienung hinsichtlich Sicherheit und Gebrauchsfähigkeit. I. Untersuchungen an Kochplatten
in Vorbereitung

HEFT 209
Dr. K. Bunge, Leverkusen
Materialabbau in Funkenentladungen. Untersuchungen an Zinkkathoden
1956, 54 Seiten, 10 Abb., 5 Tabellen, DM 11,40

HEFT 210
Dr. W. Porschen und Prof. Dr. W. Riezler, Bonn
Langlebige Alphaaktivitäten bei natürlichen Elementen
1955, 40 Seiten, 5 Abb., 4 Tabellen, DM 8,80

HEFT 211
Prof. Dipl.-Ing. W. Sturtzel und Dr.-Ing. W. Graff, Duisburg
Die Versuchsanstalt für Binnenschiffbau, Duisburg
1956, 48 Seiten, 22 Abb., DM 11,—

HEFT 212
Dipl.-Ing. H. Spodig, Selm
Untersuchung zur Anwendung der Dauermagnete in der Technik
1955, 44 Seiten, 25 Abb., DM 9,80

HEFT 213
Dipl.-Ing. K. F. Rittinghaus, Aachen
Zusammenstellung eines Meßwagens für Bau- und Raumakustik
in Vorbereitung

HEFT 214
Dr.-Ing. J. Endres, München
Berechnung der optimalen Leistungen, Kraftstoffverbräuche und Wirkungsgrade von Einkreis-Turbolader-Strahltriebwerken am Boden und in der Höhe bei Fluggeschwindigkeiten von 0–2000 km/h
1956, 56 Seiten, 18 Abb., 8 Tabellen, DM 15,40

HEFT 215
Prof. Dr.-Ing. H. Opitz und Dr.-Ing. G. Weber, Aachen
Einfluß der Wärmebehandlung von Baustählen auf Spanentstehung, Schnittkraft- und Standzeitverhalten
in Vorbereitung

HEFT 216
Dr. E. Kloth, Köln
Untersuchungen über die Ausbreitung kurzer Schallimpulse bei der Materialprüfung mit Ultraschall
1956, 90 Seiten, 60 Abb., 4 Tabellen, DM 19,40

HEFT 217
Rationalisierungskuratorium der Deutschen Wirtschaft (RKW), Frankfurt/Main
Typenvielzahl bei Haushaltgeräten und Möglichkeiten einer Beschränkung
1956, 328 Seiten, 2 Abb., 181 Tabellen, DM 49,50

HEFT 218
Dr. F. Keune, Aachen
Bericht über eine Theorie der Strömung um Rotationskörper ohne Anstellung bei Machzahl Eins
1955, 40 Seiten, 8 Abb., 5 Formelblätter, DM 8,80

HEFT 219
Prof. Dr. W. Fuchs, Aachen
Untersuchungen zur Holzabfallverwertung und zur Chemie des Lignins
1955, 54 Seiten, 11 Abb., 15 Tabellen, DM 11,40

WESTDEUTSCHER VERLAG · KÖLN UND OPLADEN

HEFT 220
Prof. Dr. W. Fuchs, Aachen
Die Entwicklung neuer Regel- und Kontroll-Apparate zur coulometrischen Analyse
1956, 76 Seiten, 17 Abb., 23 Tabellen, DM 15,50

HEFT 221
Dr. W. Meyer-Eppler, Bonn
Experimentelle Untersuchungen zum Mechanismus von Stimme und Gehör in der lautsprachlichen Kommunikation
1955, 56 Seiten, 24 Abb., DM 13,45

HEFT 222
Dr. L. Köllner, Münster, und Dipl.-Volkswirt M. Kaiser, Bochum
Die internationale Wettbewerbsfähigkeit der westdeutschen Wollindustrie
1956, 214 Seiten, DM 39,50

HEFT 223
Dr.-Ing. K. Alberti und Dr. F. Schwarz, Köln
Über das Problem Hartbrand - Weichbrand
1956, 54 Seiten, 25 Abb., 14 Tabellen, DM 12,10

HEFT 224
Dipl.-Ing. H. Stüdeman und Ing. R. Beu, Solingen
Verfahren zur Prüfung der Korrosionsbeständigkeit von Messerklingen aus rostfreiem Stahl
1956, 82 Seiten, 28 Abb., DM 16,90

HEFT 225
Dr.-Ing. E. Barz, Remscheid
Der Spannungszustand von Gattersägeblättern
in Vorbereitung

HEFT 226
Technisch-wissenschaftliches Büro für die Bastfaserindustrie, Bielefeld
Untersuchungen zur Verbesserung des Leinenwebstuhles IV
Die Wirkung verschiedener Kettbaumbremsen auf die Verwebung von Leinengarnen
1956, 64 Seiten, 9 Abb., 4 Tabellen, DM 13,50

HEFT 227
Prof. Dr. F. Wever, Düsseldorf und Dr. W. Wepner, Köln
Untersuchung der Alterungsneigung von weichen unlegierten Stählen durch Härteprüfung bei Temperaturen bis 300 Grad C
1956, 34 Seiten, 20 Abb., 3 Tabellen, DM 7,95

HEFT 228
Prof. Dr. F. Wever, Dr. W. Koch, Düsseldorf und Dr. B. A. Steinkopf, Düsseldorf
Spektrochemische Grundlagen der Analyse von Gemischen aus Kohlenmonoxyd, Wasserstoff und Stickstoff
in Vorbereitung

HEFT 229
Prof. Dr. F. Wever, Dr. W. Koch und Dr.-Ing. H. Malissa, Düsseldorf
Über die Anwendung disubstituierter Dithiocarbamate der analytischen Chemie
1956, 44 Seiten, 30 Abb., 5 Tabellen, DM 10,50

HEFT 230
Prof. Dr. F. Wever, Düsseldorf und Dr. W. Wepner, Köln
Bestimmung kleiner Kohlenstoffgehalte im Alpha-Eisen durch Dämpfungsmessung
1956, 34 Seiten, 5 Abb., 2 Tabellen, DM 7,70

HEFT 231
Dr.-Ing. W. Küch, Dortmund
Über die Wechselwirkung zwischen Holzschutzbehandlung und Verleimung
1956, 48 Seiten, 10 Abb., 8 Tabellen, DM 10,40

HEFT 232
Prof. Dr.-Ing. O. Kienzle, Hannover und Dr.-Ing. H. Münnich, Schweinfurt
Feststellung der Spannungen und Dehnungen und Bruchdrehzahlen der unter Fliehkraft und Bearbeitungskraft beanspruchten Schleifkörper
in Vorbereitung

HEFT 233
Dr. H. Haase, Hamburg
Infrarot-Bibliographie
1956, 90 Seiten, DM 17,80

HEFT 234
Dr.-Ing. K. G. Speith und Dr.-Ing. A. Bungeroth, Duisburg
Versuche zur Steigerung des Kokillen-Schluckvermögens beim Stranggießen von Stahl
1956, 26 Seiten, 5 Abb., DM 6,15

HEFT 235
Prof. Dr.-Ing. K. Leist und Dipl.-Ing. W. Dettmering, Aachen
Turbinenschaufeln aus Kunststoff für Kaltluftversuchsanlagen
1956, 46 Seiten, 43 Abb., 3 Tabellen, DM 12,30

HEFT 236
Dr.-Ing. O. Viertel und S. Lucas, Krefeld
Ergebnisse einer Hausfrauenbefragung über Wascheinrichtungen und Waschmethoden in städtischen Haushaltungen
1956, 34 Seiten, 4 Abb., DM 7,60

HEFT 237
Dr. P. Endler und Dr. H. Ludes, Köln
Bericht über eine Studienreise zur Orientierung der heutigen Behandlung der Lungentuberkulose in den Vereinigten Staaten von Nordamerika
1956, 32 Seiten, DM 7,10

HEFT 238
Institut für textile Meßtechnik, M.-Gladbach, e.V.
Untersuchung der Verzugsvorgänge an den Streckwerken verschiedener Spinnereimaschinen. 3. Bericht: Theoretische Betrachtungen über den Einfluß schlagender Zylinder und Druckrollen
in Vorbereitung

HEFT 239
Prof. Dr.-Ing. K. Leist und Dipl.-Ing. H. Scheele, Aachen und Dipl.-Ing. F. H. Flottmann, Herne
Versuche an einem neuartigen luftgekühlten Hochleistungs-Kolbenkompressor
in Vorbereitung

HEFT 240
Prof. Dr.-Ing. K. Leist und Dipl.-Ing. H. Scheele, Aachen
Temperaturmessungen an einem einstufigen luftgekühlten 4-Zylinder-Kolbenkompressor mit Kühlgebläse
in Vorbereitung

HEFT 241
Prof. Dr.-Ing. K. Leist und Dipl.-Ing. M. Pötke, Aachen
Leistungsversuche an einem Kühlluftgebläse
in Vorbereitung

HEFT 242
Prof. Dr.-Ing. K. Leist und Dipl.-Ing. K. Graf, Aachen
Straßenfahrzeuge mit Gasturbinenantrieb
in Vorbereitung

HEFT 243
Prof. Dr.-Ing. K. Leist und Dipl.-Ing. S. Förster, Aachen
Die französische Kleingasturbine Artouste — 1. Teil
in Vorbereitung

HEFT 244
Prof. Dr. F. Wever, Dr. W. Koch und Dr. S. Eckhard, Düsseldorf
Erfahrungen mit der spektrochemischen Analyse von Gefügebestandteilen des Stahles
1956, 32 Seiten, 8 Abb., 2 Tabellen, DM 7,80

HEFT 245
Prof. Dr.-Ing. K. Krekeler, Aachen
Das Verbinden von Metallen durch Kunstharzkleber. Teil I: Eigenschaften und Verwendung der Metallklebstoffe
1956, 48 Seiten, 8 Abb., DM 10,25

HEFT 246
Prof. Dr.-Ing. K. Krekeler, Aachen
Das Verbinden von Metallen durch Kunstharzkleber. Teil II: Untersuchungen an geklebten Leichtmetall-Verbindungen
in Vorbereitung

HEFT 247
Dr. H. Söhngen, Darmstadt
Strömung vor einem Überschall-Laufrad
1956, 26 Seiten, 4 Abb., DM 7,60

HEFT 248
Rheinische Aktiengesellschaft für Braunkohlenbergbau und Brikettfabrikation, Köln
Untersuchung der Bindemitteleigenschaften von Braunkohlenfilteraschen
in Vorbereitung

HEFT 249
Dr. M.-E. Meffert, Essen
Weitere Kulturversuche Scenedesmus obliquus
1956, 36 Seiten, 5 Abb., 10 Tabellen, DM 8,—

HEFT 250
Dr. F. Schwarz und Dr.-Ing. K. Alberti, Köln
Entwicklung von Untersuchungsverfahren zur Gütebeurteilung von Industriekalken
in Vorbereitung

HEFT 251
Prof. Dr. H. Bittel, Münster
Zur Statistik der ferromagnetischen Elementarvorgänge und ihren Einfluß auf das Barkhausenrauschen
in Vorbereitung

HEFT 252
Dipl.-Ing. H. Frings, Geilenkirchen
Die Wirkung abfallender Wetterführung auf Wettertemperatur, Grubengasgehalt und Staubbildung
in Vorbereitung

HEFT 253
Dipl.-Ing. S. Schirmanski, Berghausen
Stand und Auswertung der Forschungsarbeiten über Temperatur- und Feuchtigkeitsgrenzen bei der bergmännischen Arbeit
in Vorbereitung

HEFT 254
Prof. Dr. R. Danneel, Bonn
Quantitative Untersuchungen über die Entwicklung des Ehrlich-Ascitesturmors bei Inzuchtmäusen
in Vorbereitung

HEFT 255
Ing. B. v. Schlippe, Bad Nauheim
Strömung von Flüssigkeiten mit temperaturabhängiger Zähigkeit (Kühlung von Ölen)
1956, 54 Seiten, 12 Abb., 4 Tabellen, DM 11,70

HEFT 256
Prof. Dr. C. Schmieden und Dipl.-Math. K. H. Müller, Darmstadt
Die Strömung einer Quellstrecke im Halbraum — eine strenge Lösung der Navier-Stokes-Gleichungen
1956, 40 Seiten, 9 Abb., DM 8,80

HEFT 257
Prof. Dr. G. Lehmann und Dr. J. Tamm, Dortmund
Die Beeinflussung vegetativer Funktionen des Menschen durch Geräusche
in Vorbereitung

HEFT 258
Dr. H. Paul, Linz (Rhein) und Prof. Dr. O. Graf, Dortmund
Zur Frage der Unfälle im Bergbau
1956, 52 Seiten, 9 Abb., 22 Tabellen, DM 11,20

HEFT 259
Prof. Dr. W. Linke, Aachen
Strömungsvorgänge in künstlich belüfteten Räumen
1956, 52 Seiten, 37 Abb., 1 Tabelle, DM 11,80

HEFT 260
Prof. Dr. W. Kast, Freiburg (Br.), Prof. Dr. A. H. Stuart und Dipl.-Phys. H. G. Fendler, Hannover
Lichtzerstreuungsmessungen an Lösungen hochpolymerer Stoffe
in Vorbereitung

HEFT 261
Prof. Dr. W. Kast, Freiburg (Br.)
Feinstruktur-Untersuchungen an künstlichen Zellulosefasern verschiedener Herstellungsverfahren. Teil II: Der Kristallisationszustand
in Vorbereitung

HEFT 262
Dr.-Ing. W. Batel, Aachen
Untersuchungen zur Absiebung feuchter, feinkörniger Haufwerke und Schwingsieben
in Vorbereitung

HEFT 263
Prof. Dr. H. Lange und Dipl.-Phys. R. Kohlhaas, Köln
Über die Wärmeleitfähigkeit von Stählen bei hohen Temperaturen: Teil I: Literaturbericht
in Vorbereitung

HEFT 264
Prof. Dr. W. Weizel, Bonn
Durch schnelle Funkenzusammenbrüche ausgelöste Signale auf einer Leitung
1956, 26 Seiten, 4 Abb., 3 Tabellen, DM 6,10

HEFT 265
Prof. Dr. F. Micheel und Dr. R. Engel, Münster
Eine Apparatur zur elektrophoretischen Trennung von Stoffgemischen
in Vorbereitung

HEFT 266
Fliesen-Beratungsstelle Bad Godesberg-Mehlem
Güteeigenschaften keramischer Wand- und Bodenfliesen und deren Prüfmethoden
1956, 32 Seiten, DM 7,10

HEFT 267
Prof. Dr. W. Weizel und B. Brandt, Bonn
Zur Stabilität stromstarker Glimmentladungen
1956, 36 Seiten, 7 Abb., DM 8,40

HEFT 268
Prof. Dr.-Ing. G. Vogelpohl, Göttingen
Über die Tragfähigkeit von Gleitlagern und ihre Berechnung
in Vorbereitung

HEFT 269
Markscheider R. Bals, Bochum
Eignung des Gebirgsankerausbaus zur Erleichterung des Streckenvortriebs im Steinkohlenbergbau
in Vorbereitung

HEFT 270
Dr. H. Krebs und Mitarbeiter, Bonn
Die Trennung von Racematen auf chromatographischem Wege
in Vorbereitung

HEFT 271
Prof. Dr.-Ing. H. Opitz und Dipl.-Ing. H. Axer, Aachen
Beeinflussung des Verschleißverhaltens bei spanenden Werkzeugen durch flüssige und gasförmige Kühlmittel und elektrische Maßnahmen
in Vorbereitung

HEFT 272
Prof. Dr. W. Fuchs und Dr. H. Dresia, Aachen
Untersuchungen über die Schnellverbrennung und Schnellvergasung fester Brennstoffe
in Vorbereitung

HEFT 273
Fa. K. W. Tacke G.m.b.H., Wuppertal-Barmen
Erfahrungen beim Verspinnen von Perlonfasern und bei der Herstellung von Trikotagen aus gesponnenem Perlon
in Vorbereitung

HEFT 274
Prof. Dr.-Ing. K. Krekeler und Dipl.-Ing. H. Verhoeven, Aachen
Qualitative Untersuchungen bei Verbindungsschweißungen mittels Lichtbogenschweißautomaten unter Verwendung von Blankdraht und Zugabe von ferromagnetischem Pulver als Umhüllung
in Vorbereitung

HEFT 275
Prof. Dr.-Ing. K. Krekeler und Dipl.-Ing. H. Verhoeven, Aachen
Qualitative Untersuchungen von Punktschweißverbindungen an Tiefzieh- und Aluminiumblechen, die nach dem Argonarc-Punktschweißverfahren hergestellt werden
in Vorbereitung

HEFT 276
Fa. E. Haage, Mülheim (Ruhr)
Entwicklungsarbeiten im Apparatebau für Laboratorien
in Vorbereitung

HEFT 277
Dr.-Ing. W. Müchler, Essen
Untersuchung und zahlenmäßige Bestimmung der Schneideigenschaften von Messern mit besonderer Berücksichtigung rostfreier Messerstähle
in Vorbereitung

HEFT 278
Dipl.-Ing. J. Stelter und Dipl.-Ing. H. Kickert, Aachen
I. Sichtbarmachung von Ultraschallfeldern unter Verwendung photographischer Emulsionsschichten
II. Methode zur Bestimmung der wirklichen Temperaturverhältnisse in Flüssigkeiten während der Beschallung (Nach einer Diplom-Arbeit von H. Schnitzler)
in Vorbereitung

HEFT 279
Dr. F. Keune, Aachen
Der gewölbte und verwundene Tragflügel ohne Dicke in Schallnähe
in Vorbereitung

HEFT 280
Dipl.-Ing. J. Stelter und Dipl.-Ing. E. Pfende, Aachen
Über Störerscheinungen bei Schallgeschwindigkeitsmessungen mittels der Interferometermethode
in Vorbereitung

HEFT 281
Prof. Dr.-Ing. K. Lürenbaum, Aachen
Der Meßwagen des Instituts für Maschinen-Dynamik der Deutschen Versuchsanstalt für Luftfahrt, Aachen
in Vorbereitung

HEFT 282
Bergrat a. D. Scherer, Bochum
Das B.T.-Schwelverfahren und seine Anwendung auf der Anlage Marienau
in Vorbereitung

HEFT 283
Prof. Dr. F. Wever und Dr.-Ing. W. Lueg, Düsseldorf
Warmstauchversuche zur Ermittlung der Formänderungsfestigkeit von Gesenkschmiede-Stählen
in Vorbereitung

HEFT 284
Prof. Dr. F. Wever, Düsseldorf, Dr.-Ing. H. J. Wiester, Essen, Dr.-Ing. F. W. Straßburg, Duisburg, Prof. Dr.-Ing. H. Opitz, Aachen, und Dr.-Ing. K. H. Fröhlich, Köln
Einfluß des Gefüges auf die Zerspanbarkeit von Einsatz- und Vergütungsstählen
in Vorbereitung

HEFT 285
Prof. Dr.-Ing. O. Kienzle, Dr.-Ing. K. Lange, Hannover, und Dipl.-Ing. H. Meinert, Osterode
Einfluß der Oberfläche auf das Verschleißverhalten von Schmiedegesenken
in Vorbereitung

HEFT 286
Dr.-Ing. K. Lange, Hannover, Dipl.-Ing. H. Meinert, Osterode, unter Mitarbeit von Dr.-Ing. H. Arend, Mülheim (Ruhr)
Verschleißverhalten hartverchromter Schmiedegesenke
in Vorbereitung

HEFT 287
Prof. Dr.-Ing. K. Krekeler, Aachen
Änderungen der mechanischen Eigenschaftswerte thermoplastischer Kunststoffe bei Beanspruchung in verschiedenen Medien
in Vorbereitung

HEFT 288
Dr. K. Brücker-Steinkuhl, Düsseldorf
Anwendung mathematisch-statistischer Verfahren in der Industrie
in Vorbereitung

HEFT 289
Prof. Dr.-Ing. H. Winterhager, Aachen
Kombinierter Widerstands- und Lichtbogen-Vakuumofen zur Verarbeitung von Titanschwamm
Prof. Dr. Dr. h. c. R. Schwarz, Aachen
Erforschung neuer Wege zur Darstellung von Titanmetall
in Vorbereitung

HEFT 290
Dr. D. Horstmann, Düsseldorf
I. Der verstärkte Angriff des Zinks auf Eisen im Temperaturgebiet um 500° C
II. Einfluß eines Antimongehaltes auf den Angriff von Zinkschmelzen auf Eisen
in Vorbereitung

HEFT 291
Dr.-Ing. H. J. Wiester und Dr. D. Horstmann, Düsseldorf
Der Angriff eisengesättigter Zinkschmelzen auf silizium- und manganhaltiges Eisen
in Vorbereitung

HEFT 292
Dipl.-Ing. W. Rohs und Text.-Ing. H. Griese, Bielefeld
Webversuche an Leinenwebstühlen mit verbesserter Schaftbewegung
in Vorbereitung

HEFT 293
Prof. J. W. Korte, unter Mitarbeit von Dipl.-Ing. P. A. Mäcke und Dipl.-Ing. W. Leutzbach, Aachen
Die Leistungsfähigkeit von Verkehrsanlagen des motorisierten städtischen Straßenverkehrs
in Vorbereitung

HEFT 294
Dipl.-Ing. B. Naendorf, Essen
Untersuchungen industrieller Gasbrenner
in Vorbereitung

HEFT 295
Prof. Dr.-Ing. H. Opitz und Dipl.-Ing. H. Axer, Aachen
Untersuchung und Weiterentwicklung neuartiger elektrischer Bearbeitungsverfahren
in Vorbereitung

HEFT 296
Prof. Dr.-Ing. H. Opitz, Aachen
I. Untersuchungen an elektronischen Regelantrieben
II. Statistische Untersuchungen zur Ausnutzung von Drehbänken
in Vorbereitung

HEFT 297
Dr. K. Schaarwächter, Düsseldorf
Die Reduktion von Siliziumtetrachlorid im Lichtbogen zur nachfolgenden Silizierung von Eisenblechen
in Vorbereitung

HEFT 298
Prof. Dr.-Ing. E. Oehler, Aachen
Untersuchung von kritischen Drehzahlen, die durch Kreiselmomente verursacht werden
in Vorbereitung

HEFT 299
Dr. J. Fassbender und W. Hoppe, Bonn
Eine photoelektrische Nachlaufeinrichtung für Analogie-Rechenmaschinen
in Vorbereitung

HEFT 300
Prof. Dr. E. Schütz und Privatdozent Dr. H. Caspers, Münster
Tierexperimentelle Untersuchungen über die Alkoholwirkungen auf Erregbarkeit und bioelektrische Spontanaktivität der Hirnrinde
in Vorbereitung

HEFT 301
Prof. Dr. W. Weltzien, Dr. G. Cossmann und P. Diehl, Krefeld
Über die fraktionierte Füllung von Polyamiden (II)
in Vorbereitung

HEFT 302
Prof. Dr.-Ing. W. Wegener und Dipl.-Ing. Willi Zahn, Aachen
Untersuchungen von gesponnenen Garnen auf ihre Gleichmäßigkeit nach verschiedenen Meßmethoden
in Vorbereitung

HEFT 303
Prof. Dr.-Ing. S. Kiesskalt, Aachen
Das Institut der Forschungsgesellschaft Verfahrenstechnik e. V. an der Technischen Hochschule Aachen
in Vorbereitung

HEFT 304
Prof. Dr.-Ing. K. Krekeler, Düsseldorf, und Dipl.-Ing. A. Kleine-Albers, Aachen
Beitrag zur thermoelastischen Warmformbarkeit von Hart PVC
in Vorbereitung

HEFT 305
Prof. Dr.-Ing. K. Krekeler, Düsseldorf, Dr.-Ing. H. Peukert, Aachen, und Dipl.-Ing. W. Schmitz, Siegburg
Heißgas-Schweißung von Hart-Polyvinylchlorid mit Zusatzwerkstoff
in Vorbereitung

HEFT 306
Prof. Dr. B. Rensch, Münster
Elektrophysiologische Untersuchungen zur Analysierung der Bildung von Assoziationen und Gedächtnisspuren in Gehirn und Rückenmark
Prof. Dr. A. Loeser, Münster
Akute und chronische Giftwirkungen sauerstoffhaltiger Lösungsmittel
in Vorbereitung

HEFT 307
Privatdozent Dr. J. Juilfs, Krefeld
Vergleichende Untersuchungen zur elastischen und bleibenden Dehnung von Fasern
in Vorbereitung

HEFT 308
Privatdozent Dr. J. Juilfs, Krefeld
Zur Messung der Fadenglätte
in Vorbereitung

HEFT 309
Prof. Dr. K. Cruse und Mitarbeiter, Clausthal-Zellerfeld
Aufbau und Arbeitsweise eines universell verwendbaren Hochfrequenz-Titrationsgerätes
in Vorbereitung

HEFT 310
Dr. P. F. Müller, Bonn
Die Integrieranlage des Rheinisch-Westfälischen Instituts für Instrumentelle Mathematik in Bonn
in Vorbereitung

HEFT 311
Prof. Dr. F. Wever und Dr. M. Hempel, Düsseldorf
Dauerschwingfestigkeit von Stählen bei erhöhten Temperaturen
Teil I: Erkenntnisse aus bisherigen Dauerschwingversuchen in der Wärme
in Vorbereitung

HEFT 312
Prof. Dr. F. Wever und Dr. M. Hempel, Düsseldorf
Dauerschwingfestigkeit von Stählen bei erhöhten Temperaturen
Teil II: Zug-Druck-Dauerschwingversuche an zwei warmfesten Stählen bei Temperaturen von 500 bis 650°
in Vorbereitung

HEFT 313
Prof. Dr. F. Wever, Dr. W. Koch und Dipl.-Phys. H. Rohde, Düsseldorf
Änderungen des Habitus und der Gitterkonstanten des Zementits in Chromstählen bei verschiedenen Wärmebehandlungen
in Vorbereitung

WESTDEUTSCHER VERLAG · KÖLN UND OPLADEN

VERÖFFENTLICHUNGEN DER ARBEITSGEMEINSCHAFT FÜR FORSCHUNG DES LANDES NORDRHEIN-WESTFALEN

NATURWISSENSCHAFTEN

Im Auftrage des Ministerpräsidenten Fritz Steinhoff
herausgegeben von Staatssekretär Prof. Leo Brandt

HEFT 1
Prof. Dr.-Ing. Friedrich Seewald, Aachen
Neue Entwicklungen auf dem Gebiet der Antriebsmaschinen
Prof. Dr.-Ing. Friedrich A. F. Schmidt, Aachen
Technischer Stand und Zukunftsaussichten der Verbrennungsmaschinen, insbesondere der Gasturbinen
Dr.-Ing. Rudolf Friedrich, Mülheim (Ruhr)
Möglichkeiten und Voraussetzungen der industriellen Verwertung der Gasturbine
1951, 52 Seiten, 15 Abb., kartoniert, DM 2,75

HEFT 2
Prof. Dr.-Ing. Wolfgang Riezler, Bonn
Probleme der Kernphysik
Prof. Dr. Fritz Micheel, Münster
Isotope als Forschungsmittel in der Chemie und Biochemie
1951, 40 Seiten, 10 Abb., kartoniert, DM 2,40

HEFT 3
Prof. Dr. Emil Lehnartz, Münster
Der Chemismus der Muskelmaschine
Prof. Dr. Gunther Lehmann, Dortmund
Physiologische Forschung als Voraussetzung der Bestgestaltung der menschlichen Arbeit
Prof. Dr. Heinrich Kraut, Dortmund
Ernährung und Leistungsfähigkeit
1951, 60 Seiten, 35 Abb., kartoniert, DM 3,50

HEFT 4
Prof. Dr. Franz Wever, Düsseldorf
Aufgaben der Eisenforschung
Prof. Dr.-Ing. Hermann Schenck, Aachen
Entwicklungslinien des deutschen Eisenhüttenwesens
Prof. Dr.-Ing. Max Haas, Aachen
Wirtschaftliche Bedeutung der Leichtmetalle und ihre Entwicklungsmöglichkeiten
1952, 60 Seiten, 20 Abb., kartoniert, DM 3,50

HEFT 5
Prof. Dr. Walter Kikuth, Düsseldorf
Virusforschung
Prof. Dr. Rolf Danneel, Bonn
Fortschritte der Krebsforschung
Prof. Dr. Dr. Werner Schulemann, Bonn
Wirtschaftliche und organisatorische Gesichtspunkte für die Verbesserung unserer Hochschulforschung
1952, 50 Seiten, 2 Abb., kartoniert, DM 2,75

HEFT 6
Prof. Dr. Walter Weizel, Bonn
Die gegenwärtige Situation der Grundlagenforschung in der Physik
Prof. Dr. Siegfried Strugger, Münster
Das Duplikantenproblem in der Biologie
Direktor Dr. Fritz Gummert, Essen
Überlegungen zu den Faktoren Raum und Zeit im biologischen Geschehen und Möglichkeiten einer Nutzanwendung
1952, 64 Seiten, 20 Abb., kartoniert, DM 3,—

HEFT 7
Prof. Dr.-Ing. August Götte, Aachen
Steinkohle als Rohstoff und Energiequelle
Prof. Dr. Dr. E. h. Karl Ziegler, Mülheim (Ruhr)
Über Arbeiten des Max-Planck-Institutes für Kohlenforschung
1953, 66 Seiten, 4 Abb., kartoniert, DM 3,60

HEFT 8
Prof. Dr.-Ing. Wilhelm Fucks, Aachen
Die Naturwissenschaft, die Technik und der Mensch
Prof. Dr. Walther Hoffmann, Münster
Wirtschaftliche und soziologische Probleme des technischen Fortschritts
1952, 84 Seiten, 12 Abb., kartoniert, DM 4,80

HEFT 9
Prof. Dr.-Ing. Franz Bollenrath, Aachen
Zur Entwicklung warmfester Werkstoffe
Prof. Dr. Heinrich Kaiser, Dortmund
Stand spektralanalytischer Prüfverfahren und Folgerung für deutsche Verhältnisse
1952, 100 Seiten, 62 Abb., kartoniert, DM 6,—

HEFT 10
Prof. Dr. Hans Braun, Bonn
Möglichkeiten und Grenzen der Resistenzzüchtung
Prof. Dr.-Ing. Carl Heinrich Dencker, Bonn
Der Weg der Landwirtschaft von der Energieautarkie zur Fremdenergie
1952, 74 Seiten, 23 Abb., kartoniert, DM 4,30

HEFT 11
Prof. Dr.-Ing. Herwart Opitz, Aachen
Entwicklungslinien der Fertigungstechnik in der Metallbearbeitung
Prof. Dr.-Ing. Karl Krekeler, Aachen
Stand und Aussichten der schweißtechnischen Fertigungsverfahren
1952, 72 Seiten, 49 Abb., kartoniert, DM 5,—

HEFT 12
Dr. Hermann Rathert, Wuppertal-Elberfeld
Entwicklung auf dem Gebiet der Chemiefaser-Herstellung
Prof. Dr. Wilhelm Weltzien, Krefeld
Rohstoff und Veredlung in der Textilwirtschaft
1952, 84 Seiten, 29 Abb., kartoniert, DM 4,80

HEFT 13
Dr.-Ing. E. h. Karl Herz, Frankfurt a. M.
Die technischen Entwicklungstendenzen im elektrischen Nachrichtenwesen
Staatssekretär Prof. Leo Brandt, Düsseldorf
Navigation und Luftsicherung
1952, 102 Seiten, 97 Abb., kartoniert, DM 7,25

HEFT 14
Prof. Dr. Burckhardt Helferich, Bonn
Stand der Enzymchemie und ihre Bedeutung
Prof. Dr. Hugo Wilhelm Knipping, Köln
Ausschnitt aus der klinischen Carcinomforschung am Beispiel des Lungenkrebses
1952, 72 Seiten, 12 Abb., kartoniert, DM 4,30

HEFT 15
Prof. Dr. Abraham Esau †, Aachen
Ortung mit elektrischen und Ultraschallwellen in Technik und Natur
Prof. Dr.-Ing. Eugen Flegler, Aachen
Die ferromagnetischen Werkstoffe der Elektrotechnik und ihre neueste Entwicklung
1953, 84 Seiten, 25 Abb., kartoniert, DM 4,80

HEFT 16
Prof. Dr. Rudolf Seyffert, Köln
Die Problematik der Distribution
Prof. Dr. Theodor Beste, Köln
Der Leistungslohn
1952, 70 Seiten, 1 Abb., kartoniert, DM 3,50

HEFT 17
Prof. Dr.-Ing. Friedrich Seewald, Aachen
Luftfahrtforschung in Deutschland und ihre Bedeutung für die allgemeine Technik
Prof. Dr.-Ing. Edouard Houdremont, Essen
Art und Organisation der Forschung in einem Industrieforschungsinstitut der Eisenindustrie
1953, 90 Seiten, 4 Abb., kartoniert, DM 4,20

HEFT 18
Prof. Dr. Dr. Werner Schulemann, Bonn
Theorie und Praxis pharmakologischer Forschung
Prof. Dr. Wilhelm Groth, Bonn
Technische Verfahren zur Isotopentrennung
1953, 72 Seiten, 17 Abb., kartoniert, DM 4,—

HEFT 19
Dipl.-Ing. Kurt Traenckner, Essen
Entwicklungstendenzen der Gaserzeugung
1953, 26 Seiten, 12 Abb., kartoniert, DM 1,60

HEFT 20
M. Zvegintzow, London
Wissenschaftliche Forschung und die Auswertung ihrer Ergebnisse
Ziel und Tätigkeit der National Research Development Corporation
Dr. Alexander King, London
Wissenschaft und internationale Beziehungen
1954, 88 Seiten, kartoniert, DM 4,20

HEFT 21
Prof. Dr. Robert Schwarz, Aachen
Wesen und Bedeutung der Silicium-Chemie
Prof. Dr. Dr. h. c. Kurt Alder, Köln
Fortschritte in der Synthese von Kohlenstoffverbindungen
1954, 76 Seiten, 49 Abb., kartoniert, DM 4,—

HEFT 21a
Prof. Dr. Dr. h. c. Otto Hahn, Göttingen
Die Bedeutung der Grundlagenforschung für die Wirtschaft
Prof. Dr. Siegfried Strugger, Münster
Die Erforschung des Wasser- und Nährsalztransportes im Pflanzenkörper mit Hilfe der fluoreszenzmikroskopischen Kinematographie
1953, 74 Seiten, 26 Abb., kartoniert, DM 5,—

HEFT 22
Prof. Dr. Johannes von Allesch, Göttingen
Die Bedeutung der Psychologie im öffentlichen Leben
Prof. Dr. Otto Graf, Dortmund
Triebfedern menschlicher Leistung
1953, 80 Seiten, 19 Abb., kartoniert, DM 4,—

HEFT 23
Prof. Dr. Dr. h. c. Bruno Kuske, Köln
Zur Problematik der wirtschaftswissenschaftlichen Raumforschung
Prof. Dr. Dr.-Ing. E. h. Stephan Prager, Düsseldorf
Städtebau und Landesplanung
1954, 84 Seiten, kartoniert, DM 3,50

HEFT 24
Prof. Dr. Rolf Danneel, Bonn
Über die Wirkungsweise der Erbfaktoren
Prof. Dr. Kurt Herzog, Krefeld
Bewegungsbedarf der menschlichen Gliedmaßengelenke bei der Berufsarbeit
1953, 76 Seiten, 18 Abb., kartoniert, DM 4,—

WESTDEUTSCHER VERLAG · KÖLN UND OPLADEN

HEFT 25
Prof. Dr. Otto Haxel, Heidelberg
Energiegewinnung aus Kernprozessen
Dr.-Ing. Dr. Max Wolf, Düsseldorf
Gegenwartsprobleme der energiewirtschaftlichen Forschung
1953, 98 Seiten, 27 Abb., kartoniert, DM 5,25

HEFT 26
Prof. Dr. Friedrich Becker, Bonn
Ultrakurzwellenstrahlung aus dem Weltraum
Dr. Hans Straßl, Bonn
Bemerkenswerte Doppelsterne und das Problem der Sternentwicklung
1954, 70 Seiten, 8 Abb., kartoniert, DM 3,60

HEFT 27
Prof. Dr. Heinrich Behnke, Münster
Der Strukturwandel der Mathematik in der ersten Hälfte des 20. Jahrhunderts
Prof. Dr. Emanuel Sperner, Hamburg
Eine mathematische Analyse der Luftdruckverteilungen in großen Gebieten
1956, 96 Seiten, 12 Abb, 5 Tab., kartoniert, DM 5,—

HEFT 28
Prof. Dr. Oskar Niemczyk, Aachen
Die Problematik gebirgsmechanischer Vorgänge im Steinkohlenbergbau
Prof. Dr. Wilhelm Ahrens, Krefeld
Die Bedeutung geologischer Forschung für die Wirtschaft, besonders in Nordrhein-Westfalen
1955, 96 Seiten, 12 Abb., kartoniert, DM 5,25

HEFT 29
Prof. Dr. Bernhard Rensch, Münster
Das Problem der Residuen bei Lernleistungen
Prof. Dr. Hermann Fink, Köln
Über Leberschäden bei der Bestimmung des biologischen Wertes verschiedener Eiweiße von Mikroorganismen
1954, 96 Seiten, 23 Abb., kartoniert, DM 5,25

HEFT 30
Prof. Dr.-Ing. Friedrich Seewald, Aachen
Forschungen auf dem Gebiete der Aerodynamik
Prof. Dr.-Ing. Karl Leist, Aachen
Einige Forschungsarbeiten aus der Gasturbinentechnik
1955, 98 Seiten, 45 Abb., kartoniert, DM 7,—

HEFT 31
Prof. Dr.-Ing. Dr. h. c. Fritz Mietzsch, Wuppertal
Chemie und wirtschaftliche Bedeutung der Sulfonamide
Prof. Dr. Dr. h. c. Gerhard Domagk, Wuppertal
Die experimentellen Grundlagen der bakteriellen Infektionen
1954, 82 Seiten, 2 Abb., kartoniert, DM 4,—

HEFT 32
Prof. Dr. Hans Braun, Bonn
Die Verschleppung von Pflanzenkrankheiten und -schädigungen über die Welt
Prof. Dr. Wilhelm Rudorf, Voldagsen
Der Beitrag von Genetik und Züchtung zur Bekämpfung von Viruskrankheiten der Nutzpflanzen
1953, 88 Seiten, 36 Abb., kartoniert, DM 5,—

HEFT 33
Prof. Dr.-Ing. Volker Aschoff, Aachen
Probleme der elektroakustischen Einkanalübertragung
Prof. Dr.-Ing. Herbert Döring, Aachen
Erzeugung und Verstärkung von Mikrowellen
1954, 74 Seiten, 23 Abb., kartoniert, DM 4,30

HEFT 34
Geheimrat Prof. Dr. Dr. Rudolf Schenck, Aachen
Bedingungen und Gang der Kohlenhydratsynthese im Licht
Prof. Dr. Emil Lehnartz, Münster
Die Endstufen des Stoffabbaues im Organismus
1954, 80 Seiten, 11 Abb., kartoniert, DM 4,20

HEFT 35
Prof. Dr.-Ing. Hermann Schenck, Aachen
Gegenwartsprobleme der Eisenindustrie in Deutschland
Prof. Dr.-Ing. Eugen Piwowarsky †, Aachen
Gelöste und ungelöste Probleme im Gießereiwesen
1954, 110 Seiten, 67 Abb., kartoniert, DM 6,50

HEFT 36
Prof. Dr. Wolfgang Riezler, Bonn
Teilchenbeschleuniger
Prof. Dr. Gerhard Schubert, Hamburg
Anwendung neuer Strahlenquellen in der Krebstherapie
1954, 104 Seiten, 43 Abb., kartoniert, DM 7,—

HEFT 37
Prof. Dr. Franz Lotze, Münster
Probleme der Gebirgsbildung
Bergwerksdirektor Bergassessor a.D. G. Rauschenbach, Essen
Die Erhaltung der Förderungskapazität des Ruhrbergbaues auf lange Sicht
in Vorbereitung

HEFT 38
Dr. E. Colin Cherry, London
Kybernetik
Prof. Dr. Erich Pietsch, Clausthal-Zellerfeld
Dokumentation und mechanisches Gedächtnis — zur Frage der Ökonomie der geistigen Arbeit
1954, 108 Seiten, 31 Abb., kartoniert, DM 5,25

HEFT 39
Dr. Heinz Haase, Hamburg
Infrarot und seine technischen Anwendungen
Prof. Dr. Abraham Esau †, Aachen
Ultraschall und seine technischen Anwendungen
1955, 80 Seiten, 25 Abb., kartoniert, DM 4,80

HEFT 40
Bergassessor Fritz Lange, Bochum-Hordel
Die wirtschaftliche und soziale Bedeutung der Silikose im Bergbau
Prof. Dr. Walter Kikuth, Düsseldorf
Die Entstehung der Silikose und ihre Verhütungsmaßnahmen
1954, 120 Seiten, 40 Abb., kartoniert, DM 7,25

HEFT 40a
Prof. Dr. Eberhard Gross, Bonn
Berufskrebs und Krebsforschung
Prof. Dr. Hugo Wilhelm Knipping, Köln
Die Situation der Krebsforschung vom Standpunkt der Klinik
1955, 88 Seiten, 31 Abb., kartoniert, DM 5,—

HEFT 41
Direktor Dr.-Ing. Gustav-Victor Lachmann, London
An einer neuen Entwicklungsschwelle im Flugzeugbau
Direktor Dr.-Ing. A. Gerber, Zürich-Oerlikon
Stand der Entwicklung der Raketen- und Lenktechnik
1955, 88 Seiten, 44 Abb., kartoniert, DM 6,—

HEFT 42
Prof. Dr. Theodor Kraus, Köln
Lokalisationsphänomene und Raumordnung vom Standpunkt der geographischen Wissenschaft
Direktor Dr. Fritz Gummert, Essen
Vom Ernährungsversuchsfeld der Kohlenstoffbiologischen Forschungsstation Essen
in Vorbereitung

HEFT 42a
Prof. Dr. Dr. h. c. Gerhard Domagk, Wuppertal
Fortschritte auf dem Gebiet der experimentellen Krebsforschung
1954, 46 Seiten, DM 2,—

HEFT 43
Prof. Giovanni Lampariello, Rom
Über Leben und Werk von Heinrich Hertz
Prof. Dr. Walter Weizel, Bonn
Über das Problem der Kausalität in der Physik
1955, 76 Seiten, kartoniert, DM 3,30

HEFT 43a
Prof. Dr. José Mª Albareda, Madrid
Die Entwicklung der Forschung in Spanien
in Vorbereitung

HEFT 44
Prof. Dr. Burckhardt Helferich, Bonn
Über Glykoside
Prof. Dr. Fritz Micheel, Münster
Kohlenhydrat-Eiweiß-Verbindungen und ihre biochemische Bedeutung
in Vorbereitung

HEFT 45
Prof. Dr. John von Neumann, Princeton, USA
Entwicklung und Ausnutzung neuerer mathematischer Maschinen
Prof. Dr. E. Stiefel, Zürich
Rechenautomaten im Dienste der Technik mit Beispielen aus dem Züricher Institut für angewandte Mathematik
1955, 74 Seiten, 6 Abb., kartoniert, DM 3,50

HEFT 46
Prof. Dr. Wilhelm Weltzien, Krefeld
Ausblick auf die Entwicklung synthetischer Fasern
Prof. Dr. Walther Hoffmann, Münster
Wachstumsformen der Industriewirtschaft
in Vorbereitung

HEFT 47
Staatssekretär Prof. Leo Brandt, Düsseldorf
Die praktische Förderung der Forschung in Nordrhein-Westfalen
Prof. Dr. Ludwig Raiser, Bad Godesberg
Die Förderung der angewandten Forschung durch die Deutsche Forschungsgemeinschaft
in Vorbereitung

HEFT 48
Dr. Hermann Tromp, Rom
Bestandsaufnahme der Wälder der Welt als internationale und wissenschaftliche Aufgabe
Prof. Dr. Franz Heske, Schloß Reinbek
Die Wohlfahrtswirkungen des Waldes als internationales Problem
in Vorbereitung

HEFT 49
Präsident Dr. G. Böhnecke, Hamburg
Zeitfragen der Ozeanographie
Reg.-Direktor Dr. H. Gabler, Hamburg
Nautische Technik und Schiffssicherheit
1955, 120 Seiten, 49 Abb., kartoniert, DM 7,50

HEFT 50
Prof. Dr.-Ing. Friedrich A. F. Schmidt, Aachen
Probleme der Selbstzündung und Verbrennung bei der Entwicklung der Hochleistungskraftmaschinen
Prof. Dr. A. W. Quick, Aachen
Ein Verfahren zur Untersuchung des Austauschvorganges in verwirbelten Strömungen hinter Körpern mit abgelöster Strömung
in Vorbereitung

HEFT 51
Prof. Dr. Siegfried Strugger, Münster
Struktur, Entwicklungsgeschichte und Physiologie der Chloroplasten
Direktor Dr. J. Pätzold, Erlangen
Therapeutische Anwendung mechanischer und elektrischer Energie
in Vorbereitung

HEFT 52
Mr. Patmore, London
Lufttüchtigkeit und technische Prüfung der Flugzeuge in England
Prof. A. D. Young, Cranfield
Die Ausbildung des Ingenieurnachwuchses auf dem Luftfahrtgebiet in England
in Vorbereitung

JAHRESFEIER 1955
Prof. Dr. Josef Pieper, Münster
Über den Philosophie-Begriff Platons
Prof. Dr. Walter Weizel, Bonn
Die Mathematik und die physikalische Realität
1955, 62 Seiten, kartoniert, DM 2,90

HEFT 52a
Dr. D. C. Martin, London
Geschichte und Organisation der Royal Society
Dr. Roux, Südafrika
Probleme der wissenschaftlichen Forschung in der Südafrikanischen Union
in Vorbereitung

HEFT 53
Prof. Dr.-Ing. Georg Schnadel, Hamburg
Forschungsaufgaben zur Untersuchung der Festigkeitsprobleme im Schiffsbau
Prof. Dipl.-Ing. Wilhelm Sturtzel, Duisburg
Forschungsaufgaben zur Untersuchung der Widerstandsprobleme im Schiffsbau
in Vorbereitung

HEFT 53a
Prof. Giovanni Lampariello, Rom
Von Galilei zu Einstein
1956, 92 Seiten, kartoniert, DM 4,20

HEFT 54
Prof. Dr. Julius Bartels, Göttingen
Sonne und Erde — das Thema des internationalen geophysikalischen Jahres
Direktor Dr. Walter Dieminger, Lindau/Harz
Ionosphäre und drahtloser Weitverkehr
in Vorbereitung

HEFT 54a
Sir John Cockcroft, London
Die friedliche Anwendung der Kernenergie
in Vorbereitung

HEFT 55
Prof. Dr.-Ing. Fritz Schultz-Grunow, Aachen
Das Kriechen und Fließen hochzäher und plastischer Stoffe
Prof. Dr.-Ing. Hans Ebner, Aachen
Wege und Ziele der Festigkeitsforschung besonders im Hinblick auf den Leichtbau
in Vorbereitung

WESTDEUTSCHER VERLAG · KÖLN UND OPLADEN

HEFT 56
Prof. Dr. Ernst Derra, Düsseldorf
Der Entwicklungsstand der Herzchirurgie
Prof. Dr. Gunther Lehmann, Dortmund
Muskelarbeit und Muskelermüdung in Theorie und Praxis
in Vorbereitung

HEFT 57
Prof. Dr. Theodor von Kármán, Pasadena
Freiheit und Organisation in der Luftfahrtforschung
in Vorbereitung

HEFT 58
Prof. Dr. Fritz Schröter, Ulm
Neue Forschungs- und Entwicklungsrichtungen im Fernsehen
Prof. Dr. Albert Narath, Berlin
Der gegenwärtige Stand der Filmtechnik
in Vorbereitung

VERÖFFENTLICHUNGEN DER ARBEITSGEMEINSCHAFT FÜR FORSCHUNG DES LANDES NORDRHEIN-WESTFALEN

GEISTESWISSENSCHAFTEN

Im Auftrage des Ministerpräsidenten Karl Arnold
herausgegeben von Staatssekretär Prof. Leo Brandt

HEFT 1
Prof. Dr. Werner Richter, Bonn
Die Bedeutung der Geisteswissenschaften für die Bildung unserer Zeit
Prof. Dr. Joachim Ritter, Münster
Die aristotelische Lehre vom Ursprung und Sinn der Theorie
1953, 64 Seiten, kartoniert, DM 3,50

HEFT 2
Prof. Dr. Josef Kroll, Köln
Elysium
Prof. Dr. Günther Jachmann, Köln
Die vierte Ekloge Vergils
1953, 72 Seiten, kartoniert, DM 3,75

HEFT 3
Prof. Dr. Hans Erich Stier, Münster
Die klassische Demokratie
1954, 100 Seiten, kartoniert, DM 6,—

HEFT 4
Prof. Dr. Werner Caskel, Köln
Lihyan und Lihyanisch. Sprache und Kultur eines frsize frühar frühar früharabischen Königreiches
1954, 168 Seiten, 6 Abb., kartoniert, DM 11,—

HEFT 5
Prof. Dr. Thomas Ohm, Münster
Stammesreligionen im südlichen Tanganyika-Territorium
1953, 80 Seiten, 25 Abb., kartoniert, DM 11,50

HEFT 6
Prälat Prof. Dr. Dr. h. c. Georg Schreiber, Münster
Deutsche Wissenschaftspolitik von Bismarck bis zum Atomwissenschaftler Otto Hahn
1954, 102 Seiten, 7 Bilder, kartoniert, DM 6,25

HEFT 7
Prof. Dr. Walter Holtzmann, Bonn
Das mittelalterliche Imperium und die werdenden Nationen
1953, 28 Seiten, kartoniert, DM 2,50

HEFT 8
Prof. Dr. Werner Caskel, Köln
Die Bedeutung der Beduinen in der Geschichte der Araber
1954, 44 Seiten, kartoniert, DM 2,75

HEFT 9
Prälat Prof. Dr. Dr. h. c. Georg Schreiber, Münster
Irland im deutschen und abendländischen Sakralraum
in Vorbereitung

HEFT 10
Prof. Dr. Peter Rassow, Köln
Forschungen zur Reichsidee im 16. und 17. Jahrhundert
1955, 32 Seiten, kartoniert, DM 1,90

HEFT 11
Prof. Dr. Hans Erich Stier, Münster
Roms Aufstieg zur Weltherrschaft
in Vorbereitung

HEFT 12
Prof. D. Karl Heinrich Rengstorf, Münster
Mann und Frau im Urchristentum
Prof. D. Hermann Conrad, Bonn
Grundprobleme einer Reform des Familienrechts
1954, 106 Seiten, kartoniert, DM 6,—

HEFT 13
Prof. Dr. Max Braubach, Bonn
Der Weg zum 20. Juli 1944
1953, 48 Seiten, kartoniert, DM 3,25

HEFT 14
Prof. Dr. Paul Hübinger, Münster
Das deutsch-französische Verhältnis und seine mittelalterlichen Grundlagen
in Vorbereitung

HEFT 15
Prof. Dr. Franz Steinbach, Bonn
Der geschichtliche Weg des wirtschaftenden Menschen in die soziale Freiheit und politische Verantwortung
1954, 76 Seiten, kartoniert, DM 3,80

HEFT 16
Prof. Dr. Josef Koch, Köln
Die Ars coniecturalis des Nikolaus von Cues
in Vorbereitung

HEFT 17
Prof. Dr. James Conant,
US-Hochkommissar für Deutschland
Staatsbürger und Wissenschaftler
Prof. D. Karl Heinrich Rengstorf, Münster
Antike und Christentum
1953, 48 Seiten, 2 Abb., kartoniert, DM 3,50

HEFT 18
Prof. Dr. Richard Alewyn, Köln
Klopstocks Publikum
in Vorbereitung

HEFT 19
Prof. Dr. Fritz Schalk, Köln
Das Lächerliche in der französischen Literatur des Ancien Régime
1954, 42 Seiten, kartoniert, DM 2,25

HEFT 20
Prof. Dr. Ludwig Raiser, Bad Godesberg
Rechtsfragen der Mitbestimmung
1954, 48 Seiten, kartoniert, DM 2,50

HEFT 21
Prof. D. Martin Noth, Bonn
Das Geschichtsverständnis der alttestamentlichen Apokalyptik
1953, 36 Seiten, kartoniert, DM 2,20

HEFT 22
Prof. Dr. Walter F. Schirmer, Bonn
Glück und Ende des Königs in Shakespeares Historien
1954, 32 Seiten, kartoniert, DM 1,60

HEFT 23
Prof. Dr. Günther Jachmann, Köln
Der homerische Schiffskatalog und die Ilias
in Vorbereitung

HEFT 24
Prof. Dr. Theodor Klauser, Bonn
Die römischen Petrustraditionen im Lichte der neuen Ausgrabungen unter der Peterskirche
in Vorbereitung

HEFT 25
Prof. Dr. Hans Peters, Köln
Die Gewaltentrennung in moderner Sicht
1955, 48 Seiten, kartoniert, DM 3,10

HEFT 26
Prof. Dr. Fritz Schalk, Köln
Calderon und die Mythologie
in Vorbereitung

HEFT 27
Prof. Dr. Josef Kroll, Köln
Vom Leben geflügelter Worte
in Vorbereitung

WESTDEUTSCHER VERLAG · KÖLN UND OPLADEN

HEFT 28
Prof. Dr. Thomas Ohm, Münster
Die Religionen in Asien
1954, 50 Seiten, 4 Abb., kartoniert, DM 5,—

HEFT 29
Prof. Dr. Johann Leo Weisgerber, Bonn
Die Ordnung der Sprache im persönlichen und öffentlichen Leben
1955, 64 Seiten, kartoniert, DM 2,90

HEFT 30
Prof. Dr. Werner Caskel, Köln
Entdeckungen in Arabien
1954, 44 Seiten, kartoniert, DM 2,—

HEFT 31
Prof. Dr. Max Braubach, Bonn
Entstehung und Entwicklung der landesgeschichtlichen Bestrebungen und historischen Vereine im Rheinland
1955, 32 Seiten, kartoniert, DM 1,60

HEFT 32
Prof. Dr. Fritz Schalk, Köln
Somnium und verwandte Wörter in den romanischen Sprachen
1955, 48 Seiten, 3 Abb., kartoniert, DM 2,50

HEFT 33
Prof. Dr. Friedrich Dessauer, Frankfurt a. M.
Erbe und Zukunft des Abendlandes
in Vorbereitung

HEFT 34
Prof. Dr. Thomas Ohm, Münster
Ruhe und Frömmigkeit
1955, 128 Seiten, 30 Abb., kartoniert, DM 8,—

HEFT 35
Prof. Dr. Hermann Conrad, Bonn
Die mittelalterliche Besiedlung des deutschen Ostens und das Deutsche Recht
1955, 40 Seiten, kartoniert, DM 2,—

HEFT 36
Prof. Dr. Hans Sckommodau, Köln
Die religiösen Dichtungen Margaretes von Navarra
1955, 172 Seiten, kartoniert, DM 7,20

HEFT 37
Prof. Dr. Herbert von Einem, Bonn
Der Mainzer Kopf mit der Binde
1955, 88 Seiten, 40 Abb., kartoniert, DM 6,—

HEFT 38
Prof. Dr. Joseph Höffner, Münster
Statik und Dynamik in der scholastischen Wirtschaftsethik
1955, 48 Seiten, kartoniert, DM 2,20

HEFT 39
Prof. Dr. Fritz Schalk, Köln
Diderots Essai über Claudius und Nero
in Vorbereitung

HEFT 40
Prof. Dr. Gerhard Kegel, Köln
Probleme des internationalen Enteignungs- und Währungsrechts
in Vorbereitung

HEFT 41
Prof. Dr. Johann Leo Weisgerber, Bonn
Die Grenzen der Schrift — Der Kern der Rechtschreibreform
1955, 72 Seiten, kartoniert, DM 3,25

HEFT 42
Prof. Dr. Richard Alewyn, Köln
Von der Empfindsamkeit zur Romantik
in Vorbereitung

HEFT 43
Prof. Dr. Theodor Schieder, Köln
Die Probleme des Rapallo-Vertrages 1922
in Vorbereitung

HEFT 44
Prof. Dr. Andreas Rumpf, Köln
Stilphasen der spätantiken Kunst
in Vorbereitung

HEFT 45
Dr. Ulrich Luck, Münster
Kerygma und Tradition in der Hermeneutik Adolf Schlatters
1955, 136 Seiten, kartoniert, DM 6,15

HEFT 46
Prof. Dr. Walther Holtzmann, Rom
Das Deutsche Historische Institut in Rom
Prof. Dr. Graf Wolff Metternich, Rom
Die Bibliotheca Hertziana und der Palazzo Zuccari
1955, 68 Seiten, 7 Abb., kartoniert, DM 3,50

JAHRESFEIER 1955
Prof. Dr. Josef Pieper, Münster
Über den Philosophie-Begriff Platons
Prof. Dr. Walter Weizel, Bonn
Die Mathematik und die physikalische Realität
1955, 62 Seiten, kartoniert, DM 2,90

HEFT 47
Prof. Dr. Harry Westermann, Münster
Person und Persönlichkeit im Zivilrecht
in Vorbereitung

HEFT 48
Prof. Dr. Johann Leo Weisgerber, Bonn
Die Namen der Ubier
in Vorbereitung

HEFT 49
Prof. Dr. Friedrich Karl Schumann, Münster
Mythos und Technik
in Vorbereitung

HEFT 50
Prof. Dr. Wolfgang Schöne, Hamburg
Raffaels Sixtinische Madonna
in Vorbereitung

HEFT 51
Prälat Prof. Dr. Dr. h. c. Georg Schreiber, Münster
Der Bergbau in Geschichte, Ethos und Sakralkultur
in Vorbereitung

HEFT 52
Prof. Dr. Hans J. Wolff, Münster
Die Rechtsgestalt der Universität
in Vorbereitung

HEFT 53
Prof. Dr. Heinrich Vogt, Bonn
Schadenersatzprobleme im Verhältnis von Haftungsgrund und Schaden
in Vorbereitung

HEFT 54
Prof. Dr. Max Braubach, Bonn
Der Einmarsch der deutschen Truppen in die entmilitarisierte Zone am Rhein im März 1936. Ein Beitrag zur Vorgeschichte des zweiten Weltkrieges
in Vorbereitung

HEFT 55
Prof. Dr. Herbert von Einem, Bonn
Die Menschwerdung Christi des Isenheimer Altars
in Vorbereitung

HEFT 56
Prof. Dr. E. J. Cohn, London
Der englische Gerichtstag
in Vorbereitung

HEFT 57
Dr. Albert Woopen, Aachen
Die Zivilehe und der Grundsatz der Unauflöslichkeit der Ehe in der Entwicklung des italienischen Zivilrechts
1956, 88 Seiten, kartoniert, DM 4,—

WESTDEUTSCHER VERLAG · KÖLN UND OPLADEN

If you have any concerns about our products,
you can contact us on
ProductSafety@springernature.com

In case Publisher is established outside the EU,
the EU authorized representative is:
Springer Nature Customer Service Center GmbH
Europaplatz 3, 69115 Heidelberg, Germany

Printed by Libri Plureos GmbH
in Hamburg, Germany